Omotola Onaneye- Babajide

Estudos globais e ambientais: Uma Narrativa Sul-Africana

Omotola Onaneye- Babajide

Estudos globais e ambientais: Uma Narrativa Sul-Africana

ScienciaScripts

Imprint

Any brand names and product names mentioned in this book are subject to trademark, brand or patent protection and are trademarks or registered trademarks of their respective holders. The use of brand names, product names, common names, trade names, product descriptions etc. even without a particular marking in this work is in no way to be construed to mean that such names may be regarded as unrestricted in respect of trademark and brand protection legislation and could thus be used by anyone.

Cover image: www.ingimage.com

This book is a translation from the original published under ISBN 978-620-2-30311-8.

Publisher:
Sciencia Scripts
is a trademark of
Dodo Books Indian Ocean Ltd. and OmniScriptum S.R.L publishing group

120 High Road, East Finchley, London, N2 9ED, United Kingdom
Str. Armeneasca 28/1, office 1, Chisinau MD-2012, Republic of Moldova, Europe
Printed at: see last page
ISBN: 978-620-7-62262-7

Lista de abreviaturas

API	American Petroleum Institute
BPSRWE	BP Statistical Review of World Energy
CFL	Compact Fluorescent Lights
COPs	Conference of the Parties
CSP	Concentrating Solar Power
DALYs	Disability Adjusted Life Years
DoE	Department of Environment
EIA	Environmental Impact Assessment
EIS	Environmental Impact Statement
EMP	Environmental Management Plan
EPA	Environmental Protection Agency
FOA	Food and Agricultural Organization of the United Nations
GDP	Gross Domestic Product
GEF	Global Environment Facility
GHG	Greenhouse Gas
Gt	Gigatonne
GWh	Giga Watt-hour (10^6 kWh)
IEA	International Energy Agency
IPP	Independent Power Producers
IRP	Integrated Resource Plan
IUCN	International Union for the Conservation of Nature
LCOE	Levelized Cost of Electricity
LED	Light Emitting Diodes
LTMS	Long Term Mitigation Scenarios
MCA	Marine Conservation Area

MLRA	Marine Living Resources Act No. 18 of 1998
MMA	Marine Managed Area
MPA	Marine Protected Area
MSL	Mean Sea Level
Mt	Mégatonne
Mtce	Million tonnes coal equivalent
Mtoe	Million tonnes oil equivalent
NEM: ICMA	National Environmental Management: Integrated Coastal Management Act No. 24 of 2008
NEMO	National Environmental Management of the Ocean White Paper
OECD	Organisation for Economic Co-operation and Development
OTEC	Ocean Thermal Energy Conversion
PPP	Purchasing Power Parity
RCP	Representative Concentration Pathways
REIPPP	Renewable Energy Independent Power Purchase Programme
Solar PV	Solar Photo Voltaic
SWH	Solar Water Heaters
TFEC	Total Final Energy Consumption
TJ	Tera Joule (1012 Joules)
TPES	Total Primary Energy Supply
UNDP	United Nations Development Programme
UNEP	United Nations Environmental Programme
UNFAO	United Nations Food and Agricultural Organisation
UNEP	United Nations Environment Programme
WHO	World Health Organization
WRI	World Resources Institute
WWEA	World Wind Energy Association

Prefácio

Num mundo em crescente desenvolvimento e numa procura insaciável de bens e serviços, os nossos recursos naturais e ecossistemas estão sob forte pressão. Estes sistemas são uma parte essencial da sustentação da Terra e dos nossos meios de subsistência. O nosso ambiente está a mudar globalmente devido à crescente perda e degradação da biodiversidade, dos solos, dos recursos de água doce, dos recursos marinhos e costeiros, do impacto humano nos recursos energéticos, das alterações climáticas e da poluição atmosférica, dos combustíveis fósseis e do esgotamento dos recursos minerais. stÉ cada vez mais necessário que os indivíduos, a indústria e os governos desenvolvam uma compreensão holística destes componentes integrais, adquiram uma compreensão fundamental das principais questões ambientais do século XXI, integrem estes conhecimentos na sua vida quotidiana e participem no debate público mais vasto sobre estas questões.

Este livro - The Global and Environmental Studies; a South African narrative - tem como objetivo melhorar os conhecimentos e as competências dos indivíduos interessados em relação às questões ambientais globais actuais.

De um modo geral, este livro permite compreender os actuais problemas ambientais a nível local e global.

outubro, 2018
Omotola Onaneye-Babajide

CAPÍTULO 1

BIODIVERSIDADE

1: Introdução

Este capítulo tem como objetivo proporcionar aos alunos uma compreensão geral da biodiversidade local, internacional e global, da sua importância e das suas ligações a outros aspectos ambientais, sociais e culturais. Aborda o conceito de destruição acelerada da biodiversidade e os seus impactes, mas também desafia e incentiva os alunos não só a compreenderem a biodiversidade, mas também a efectuarem mudanças pessoais ou comunitárias para a conservar. O seu objetivo é

- Comunicar uma compreensão geral da biodiversidade
- Incidir em conceitos gerais de biodiversidade, por exemplo, como é criada a biodiversidade, a importância da biodiversidade e as taxas de especiação e extinção.
- Lidar com as ameaças à biodiversidade, como a perda de biodiversidade, o excesso de população, a perda e degradação de habitats, as alterações climáticas, a poluição, a sobrepesca e as espécies introduzidas.
- A tónica é colocada no estado e no futuro da biodiversidade na África do Sul e no mundo. Analisa também os indicadores de biodiversidade, o Índice de Capital Natural (ICN), o impacto da perda de biodiversidade, a proteção da biodiversidade e a potencial contribuição dos seres humanos.

1.1: O que é a biodiversidade?

A diversidade biológica é abreviada para "biodiversidade" e é a diversidade de toda a vida na Terra. É a terminologia utilizada para descrever a diversidade da vida na Terra a todos os níveis, desde os genes aos ecossistemas e aos processos ecológicos e evolutivos que os sustentam. A biodiversidade é a base de toda a vida na Terra e é fundamental para o funcionamento dos ecossistemas que nos fornecem produtos e serviços sem os quais não podemos viver, como os alimentos, a água doce e o ar puro. A biodiversidade inclui animais, plantas, os seus habitats e os seus genes. A biodiversidade também inclui o número de indivíduos de uma determinada espécie, o número de espécies diferentes numa área, a riqueza genética de cada espécie, as interacções entre elas e as áreas naturais em que ocorrem, como desertos, florestas tropicais e recifes de coral - todos eles fazem parte de uma Terra biologicamente diversa (Shah, 2013). A biodiversidade está à nossa volta, na terra e na água, nas altas latitudes e nas profundezas do oceano. A biodiversidade e os produtos e serviços ecossistémicos que fornece não têm preço. No entanto, à medida que se assiste a uma crescente degradação e perda de biodiversidade, os decisores estão cada vez mais preocupados com o valor económico dos ecossistemas e dos serviços que estes prestam.

1.2: Termos gerais da biodiversidade

1.2.1: Como é que a biodiversidade é criada?

Existem quatro "tipos" de biodiversidade, nomeadamente a diversidade genética, a diversidade de espécies, a diversidade de ecossistemas e a diversidade funcional. A diversidade genética é a variação genética dentro das populações e entre elas. A diversidade de espécies abrange toda a gama de espécies na Terra e tem em conta tanto o número de espécies numa área como a abundância de espécies. A biodiversidade do ecossistema engloba a variação dentro das comunidades biológicas em que as espécies vivem, o ecossistema em que as comunidades existem e as interacções entre estes níveis. A diversidade funcional refere-se às funções biológicas e químicas, como o fluxo de energia e o ciclo de nutrientes, que são necessárias para a sobrevivência das espécies e das comunidades.

O aparecimento de novas formas de vida é possível graças ao processo-chave da especiação. A biodiversidade pode surgir de duas formas:

- Através de uma mudança gradual em toda uma árvore filogenética ou metapopulação, comummente designada por "anagénese". A anagénese é a avaliação linear em que toda a população muda de tal forma que difere da população ancestral e a substitui.
- A ramificação de uma árvore filogenética em duas árvores filogenéticas separadas é designada por "cladogénese". A cladogénese é uma evolução ramificada que produz uma maior diversidade de organismos irmãos, sendo cada ramo designado por clado.

1.2.2: Porque é que a biodiversidade é importante?

A biodiversidade promove a produtividade do ecossistema, no qual cada espécie desempenha um papel importante, independentemente do seu tamanho e funcionalidade (Global Issues, 2015). A biodiversidade é importante na medida em que fornece uma variedade de alimentos para nós e garante a sustentabilidade natural, mas também fornece outros requisitos básicos para a sobrevivência humana, como o ar para respirar, a água para beber e os meios para o abrigo. Muitos dos pobres dependem diretamente dos recursos naturais para os seus meios de subsistência e rendimentos familiares, como os agricultores de subsistência com as suas culturas e gado e as comunidades costeiras com os recursos marinhos e costeiros.

A biodiversidade proporciona-nos serviços ecossistémicos, recursos biológicos e benefícios sociais. Os serviços ecossistémicos incluem a proteção e a purificação dos recursos hídricos, a formação e a proteção dos solos, o armazenamento e a reciclagem de nutrientes, a decomposição e a absorção da poluição, a contribuição para a estabilidade climática, a conservação dos ecossistemas e a recuperação de acontecimentos imprevisíveis, como inundações, incêndios e secas (Global Issues, 2015). Os recursos biológicos incluem alimentos, recursos medicinais e farmacêuticos, produtos de madeira, plantas ornamentais, stocks de reprodução, reservas populacionais, recursos futuros e a diversidade de genes, espécies e ecossistemas (Global Issues, 2015). Os benefícios sociais incluem investigação, educação e vigilância, recreação e turismo, e valores culturais (Global Issues, 2015). O custo da substituição dos recursos biológicos (se possível) seria extremamente elevado. Por conseguinte, faz sentido, em termos económicos e de desenvolvimento, concentrar-se na sustentabilidade (Shah, 2013). A biodiversidade também tem um valor estético intrínseco que contribui para a "diversidade da vida". Por exemplo, imagine uma biblioteca que contém apenas alguns livros e revistas populares e compare-a com uma biblioteca bem abastecida que contém todos os tipos de literatura e uma vasta gama de revistas. Qual é que prefere? Ou que tal dois parques infantis, um com apenas algumas opções e outro repleto de todo o tipo de jogos, actividades e oportunidades - certamente preferiria o segundo.

1.2.3: Taxas de especiação e extinção

A especiação é um processo fundamental da biodiversidade e conduz ao aparecimento de espécies biológicas novas e diferentes. A extinção, por outro lado, significa o desaparecimento de uma espécie ou população. O processo evolutivo de especiação envolve a diferenciação genética das populações. Existem três tipos de especiação: especiação alopátrica através de isolamento geográfico, especiação parapátrica sem isolamento geográfico completo e especiação simpátrica sem isolamento geográfico. A taxa de especiação é uma medida do número de novas espécies criadas num intervalo de tempo específico e num ambiente específico (habitat, ecossistema e região específicos). Os modelos matemáticos mostram que quanto mais pequena é uma população, mais baixa é a relação entre nascimentos e mortes e que quanto mais tempo se mantiver num nível baixo, mais suscetível é à extinção. A dimensão da área de distribuição de uma espécie também pode ter impacto, uma vez que quanto maior for a área de distribuição, menor é a probabilidade de extinção. Os seres humanos também contribuíram para o aumento da taxa de extinção. O nosso planeta, a Terra, encontra-se atualmente no meio da sexta extinção de plantas e animais, e estamos a registar um grande número de extinções de espécies desde a extinção dos dinossauros há 65 milhões de anos (Centre for Biological Diversity, 2015). Foram as taxas de especiação e extinção que moldaram a biodiversidade observada na Terra atualmente. Os organismos e as populações estão em constante evolução, adaptando-se e mudando em resposta aos seus parâmetros ambientais. Ao longo do tempo geológico, uma espécie pode ter um de dois destinos: Pode persistir, dividindo-se ocasionalmente e evoluindo para dar origem a outras espécies, ou pode extinguir-se.

1.3: Ameaças à biodiversidade

1.3.1: Perda de biodiversidade

A perda de biodiversidade refere-se à perda de diversidade biológica e de biomassa num ambiente. Ao longo dos anos, a diversidade da vida na Terra perdeu-se irremediavelmente de forma considerável. Tendo em conta as muitas ameaças à biodiversidade que se fazem sentir atualmente, as maiores ameaças podem ser resumidas com o acrónimo

H.I.P.P.O.: Perda de habitat, espécies invasoras, poluição, população humana e sobrepesca.

1.3.2: Sobrepopulação

A população humana aumentou em vários milhares de milhões de pessoas desde o século XIX. À medida que a população aumenta, aumenta também a pressão sobre a biodiversidade, pois os recursos utilizados pelos seres humanos aumentam. O crescimento da população conduziu a uma ameaça crescente para a biodiversidade. A sobrepopulação significa que há mais pessoas do que recursos para satisfazer as suas necessidades e para as sustentar. À medida que a população mundial cresce de forma insustentável, a procura de água, terra, alimentos, recursos renováveis e não renováveis, plantas e animais também está a aumentar.

1.3.3: Perda e degradação dos habitats

A perda de habitat ocorre quando um habitat é alterado de tal forma que a maioria ou todas as espécies e a sobrevivência a longo prazo das espécies nesse habitat são afectadas. A degradação do habitat é a principal causa da extinção de espécies em muitas partes do mundo atual. A degradação do habitat refere-se à deterioração da qualidade do habitat e pode ser temporária ou permanente.

1.3.4: Alterações climáticas

As alterações climáticas têm, sem dúvida, um impacto significativo na biodiversidade. As alterações climáticas têm um impacto global no ambiente, uma vez que afectam os ecossistemas que fazem parte do ambiente. As alterações climáticas obrigam a biodiversidade a adaptar-se às mudanças, deslocando o seu habitat, alterando os seus ciclos de vida ou desenvolvendo novas características físicas. Esta situação pode muitas vezes ter um impacto negativo na biodiversidade, por exemplo, se uma espécie não conseguir deslocar-se com rapidez suficiente para um novo habitat ou adaptar-se com rapidez suficiente às condições climáticas em mudança, o que é o caso de muitas espécies. Neste caso, o seu número pode diminuir e, eventualmente, extinguir-se. A biodiversidade pode também ajudar-nos a lidar com as alterações climáticas. Os ecossistemas saudáveis podem ajudar a atenuar os efeitos das alterações climáticas, absorvendo o excesso de água das cheias ou protegendo-nos da erosão costeira ou de condições meteorológicas extremas. A proteção da biodiversidade pode ajudar a limitar a concentração de gases com efeito de estufa na atmosfera, uma vez que as florestas e outros habitats são importantes reservatórios de dióxido de carbono.

1.3.5: Poluição

As actividades humanas são responsáveis pela maior parte da perda global de biodiversidade e a poluição é uma dessas actividades antropogénicas. Todas as formas de poluição representam uma séria ameaça para a biodiversidade. A poluição tornou-se uma das maiores ameaças à biodiversidade. A poluição pode ser considerada como uma substância que perturba o ambiente e, especialmente, a biodiversidade. Um poluente é um material residual que contamina o ar, a água ou o solo. Os três principais factores que determinam a gravidade de um poluente são a sua natureza química, a sua concentração e a sua persistência. A industrialização contribui para a poluição. Muitas espécies não conseguem fazer face às rápidas alterações dos parâmetros físicos que ocorrem no nosso ambiente. Algumas substâncias permanecem no ambiente apenas durante um curto período de tempo, enquanto outras permanecem durante muito tempo e podem eventualmente entrar na cadeia alimentar. Níveis elevados de poluição conduzem à toxicidade, e o grau de ocorrência afecta a capacidade dos organismos para tolerar a substância. A libertação de poluentes no ambiente pode matar instantaneamente os organismos, alterar as condições e os processos biogeoquímicos num sistema e conduzir a alterações sistemáticas que afectam os habitats e perturbam os processos ecológicos.

1.3.6: Colheita excessiva

A colheita implica a caça, a recolha e/ou a pesca de uma determinada espécie. A sobre-exploração esgota os recursos ecológicos a tal ponto que a colheita de uma determinada espécie deixa de ser sustentável. A sobre-exploração de uma espécie conduz à sua colocação em perigo ou extinção. A sobrepesca e a caça furtiva crescente são um exemplo de sobrepesca que afecta as unidades populacionais de peixes. A sobrepesca é suscetível de sobre-exploração, em parte devido à tecnologia utilizada, que aumenta a intensidade da pesca.

1.3.7: Espécies introduzidas

As plantas e os animais podem ser introduzidos, intencional ou acidentalmente, em zonas fora do seu ambiente natural. Novas espécies podem ser introduzidas numa nova área e afetar de várias formas as espécies que aí vivem. As espécies introduzidas podem ter um impacto nas espécies nativas, especialmente em ecossistemas frágeis, onde se podem propagar rapidamente e causar perturbações. As novas espécies podem também atuar como parasitas ou predadores das espécies autóctones, hibridizar-se com elas, competir com elas pela alimentação, introduzir doenças desconhecidas, alterar os habitats ou perturbar interacções importantes.

1.4: O estado e o futuro da biodiversidade

1.4.1: Estado da biodiversidade no mundo

A biodiversidade está a perder-se a um ritmo cada vez maior. Os cientistas começaram a caraterizar a época em que vivemos como uma "sexta extinção em massa" na história da Terra, tendo a última extinção sido o fim dos dinossauros durante o período Cretáceo, há 65 milhões de anos. Os cientistas estimam que existam mais de 100 milhões de espécies, das quais apenas 1,8 milhões foram nomeadas até à data. Ao mesmo tempo que existem milhões de espécies, regista-se também uma extinção em massa de espécies sem precedentes na Terra. Os cientistas estimam que entre 150 e 200 espécies se extinguem todos os anos. É possível que se trate de espécies que ainda nem sequer investigámos, uma vez que há tantas espécies desconhecidas ou sem nome. Os oceanos e as florestas do mundo estão particularmente ameaçados. Os recifes de coral do mundo estão a perder-se devido à sobrepesca, à poluição, ao aquecimento dos oceanos e a outras causas. Em muitos sítios, já estão gravemente danificados e degradados. A desflorestação é outra causa da perda de biodiversidade, uma vez que muitas espécies se encontram nestas florestas. A área florestal mundial está a diminuir drasticamente e a África é particularmente afetada. Existe também uma ligação entre a destruição das florestas e os danos causados aos recifes de coral. Quando as florestas são destruídas, deixam de conseguir reter a camada superior do solo e, durante as chuvas fortes e repentinas, que são comuns nas regiões tropicais, o solo escorrido entra no oceano e os recifes são esmagados pela lama. O relatório Global Biodiversity Outlook 3 da Convenção sobre a Diversidade Biológica afirma: "Não podemos continuar a encarar a atual perda de biodiversidade como um problema separado do cerne da sociedade: combater a pobreza, melhorar a saúde, a prosperidade e a segurança das gerações futuras e combater as alterações climáticas. Cada um destes objectivos é prejudicado pelas tendências actuais do estado dos nossos ecossistemas, e cada um deles será grandemente reforçado se finalmente dermos à biodiversidade a prioridade que merece." As principais conclusões da Avaliação Ecossistémica do Milénio (2005) resumem o estado da biodiversidade do nosso planeta da seguinte forma

- Sempre houve fases de extinção na história do nosso planeta, mas este episódio de extinção de espécies é maior do que tudo o que o mundo viveu nos últimos 65 milhões de anos - a maior taxa de extinção desde a extinção dos dinossauros.
- Esta extinção em massa deve-se em grande parte aos métodos insustentáveis de produção e consumo da humanidade, incluindo a destruição de habitats, a expansão urbana, a poluição, a desflorestação, o aquecimento global e a introdução de "espécies invasoras".
- "Prevê-se que as alterações climáticas se tornem uma das maiores ameaças à biodiversidade", afirmou a Convenção das Nações Unidas sobre a Diversidade Biológica numa declaração de 22 de maio.
- De acordo com um relatório publicado pelo Conselho do Clima das Nações Unidas em abril de 2007, "cerca de 20 a 30% das espécies vegetais e animais avaliadas até à data correm provavelmente um maior risco de extinção se o aumento da temperatura média global exceder 1,5 a 2,5 graus Celsius". Além disso, os ecossistemas seriam confrontados com alterações cada vez mais graves.
- A biodiversidade contribui direta ou indiretamente para muitos aspectos do nosso bem-estar, por exemplo, através do fornecimento de matérias-primas e da sua contribuição para a saúde.
Mais de 60 por cento da população mundial depende diretamente das plantas para os seus medicamentos.
- Ao longo do último século, muitas pessoas beneficiaram da conversão de ecossistemas naturais em terras agrícolas e da exploração da biodiversidade. Embora muitos indivíduos beneficiem de actividades que conduzem à perda de biodiversidade e à alteração dos ecossistemas, os custos globais suportados pela sociedade excedem frequentemente os benefícios.
- Numa cimeira da ONU em Joanesburgo, em 2002, os líderes mundiais concordaram em "conseguir uma redução significativa da atual taxa de perda de biodiversidade a nível global, regional e nacional até 2010, a fim de contribuir para a redução da pobreza e para o benefício de toda a vida na Terra".
- A fim de alcançar maiores progressos na conservação da biodiversidade, é urgente reforçar as medidas de conservação e utilização sustentável da biodiversidade e dos serviços ecossistémicos, mas tal não é suficiente.

1.4.2: Estado da biodiversidade na África do Sul

A África do Sul é verdadeiramente um dos países com maior diversidade biológica. O país é constituído por ecossistemas terrestres, marinhos e aquáticos. A África do Sul também tem uma série de hotspots de biodiversidade e uma série de biomas. Os biomas incluem os fynbos, a floresta, o karoo suculento, o nama karoo, a savana, os matagais e as pastagens. Cada um destes biomas alberga a sua própria coleção de espécies vegetais e animais. O documento de investigação de base sobre biodiversidade e saúde ambiental, que sustenta as perspectivas ambientais da África do Sul e faz parte do projeto ambiental nacional de 2005, contém os seguintes factos essenciais

- A África do Sul ocupa apenas 2% da superfície terrestre, mas alberga uma parte desproporcionadamente grande da biodiversidade mundial: quase 10% das espécies vegetais do planeta e 7% das espécies de répteis, aves e mamíferos.

- O país alberga três hotspots de biodiversidade mundialmente reconhecidos, nomeadamente a Região Florística do Cabo, o Karoo Suculento, que partilha com o sul da Namíbia, e o hotspot Maputaland-Pondoland-Albany, que partilha com Moçambique e a Suazilândia. [2]A Região Florística do Cabo é a mais pequena (<90 000 km) e é o único reino floral que ocorre exclusivamente dentro das fronteiras geográficas de um país.

- A excecional diversidade vegetal contribui para que a África do Sul seja o quinto país com o maior número de espécies vegetais do mundo. Os nossos mares, onde vivem muitas pessoas, incluem os oceanos Atlântico, Índico e Austral, com uma grande variedade de habitats, desde florestas de algas até recifes de coral. Para além disso, a nossa costa alberga 15% das espécies costeiras do mundo.

A África do Sul possui numerosas áreas protegidas e institutos de investigação que identificam as melhores abordagens para a conservação da biodiversidade. O Instituto Nacional de Biodiversidade da África do Sul (SANBI) desempenha um papel importante nos fundamentos da biodiversidade (levantamento, classificação e cartografia das espécies) e desenvolve esta base de conhecimentos através de avaliações e monitorização e utiliza os conhecimentos para traduzir a ciência em políticas e acções. Temos uma política e uma legislação ambientais muito boas, mas temos dificuldade em pô-las em prática. Em última análise, a conservação da biodiversidade só será bem sucedida se todas as pessoas estiverem conscientes da sua importância, especialmente aquelas que têm um grande impacto sobre ela - como as comunidades locais nas zonas rurais.

1.5: Indicadores de biodiversidade

Os indicadores de biodiversidade são utilizados para dados quantitativos destinados a medir aspectos da biodiversidade, do estado dos ecossistemas, dos serviços e dos factores de mudança e ajudam a compreender como a biodiversidade está a mudar no tempo e no espaço, porque está a mudar e quais são as consequências da mudança para os ecossistemas, os seus serviços e o bem-estar humano. Os indicadores de biodiversidade são ferramentas de comunicação que fornecem um resumo dos dados sobre questões ambientais frequentemente complexas. Os indicadores podem destacar os principais problemas que precisam de ser resolvidos através de intervenções políticas ou de gestão. Mais importante ainda, os indicadores monitorizam o estado e as tendências da biodiversidade. Ao desenvolver indicadores de biodiversidade, é importante ser claro sobre a questão específica da biodiversidade a que o sistema de medição pretende responder. Os indicadores de biodiversidade incluem - Tendências populacionais das espécies
- Extensão dos diferentes habitats
- Evolução do estatuto das espécies ameaçadas de extinção
- Cobertura das zonas protegidas

1.5.1: Índice de Capital Natural (NKI)

O capital natural pode ser definido como o conjunto global de recursos ou activos naturais, como a geologia, o solo, o ar e a água, bem como todos os organismos vivos. Do capital natural, os seres humanos obtêm uma vasta gama de serviços, frequentemente designados por serviços ecossistémicos, que permitem a vida humana. O ICN é um indicador integrado para medir o estado da biodiversidade. O

Índice de Capital Natural (ICN) é utilizado como um quadro, originalmente desenvolvido como uma contribuição para a implementação da Convenção sobre a Diversidade Biológica (CDB), para responder a questões sobre o estado da biodiversidade, tais como:

- Quanta biodiversidade resta?
- Quais são as causas da perda?
- O que é que podemos fazer?

O ICN deve ser pertinente e reativo ao desenvolvimento de políticas, quantitativo, sensível, acessível, mensurável e universalmente aceitável. Questões como as acima referidas e as suas respostas ajudam os decisores políticos e o público a tomar decisões. O ICN representa todo o ecossistema e deve estar ligado a cenários socioeconómicos para projecções. O NKI é o produto da percentagem de ecossistemas naturais remanescentes e da qualidade do habitat remanescente - a qualidade é medida pela abundância de um grupo de espécies seleccionadas em comparação com o nível de referência.

NKI = Quantidade do ecossistema (dimensão remanescente do ecossistema)(%) x Qualidade do ecossistema (%) Equaçao1

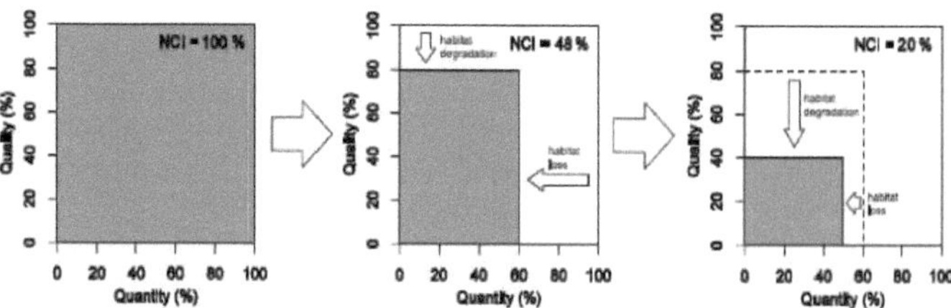

Figura 2: Capital natural (definido como o produto da dimensão remanescente do ecossistema (quantidade) e da sua qualidade. Por exemplo, se a dimensão restante do ecossistema é de 50% e a sua qualidade é de 40%, resta 20% do capital natural).

1.5.2: Efeitos da perda de biodiversidade

A biodiversidade é a teia de vida que liga todos os organismos na Terra. Todas as famílias, comunidades, nações e gerações futuras dependem dos recursos naturais fornecidos pela biodiversidade da Terra. Os recursos naturais da Terra incluem os animais, as plantas, a terra, a água, a atmosfera e os seres humanos. A perda de biodiversidade põe em risco a saúde dos nossos meios de subsistência. A perda de biodiversidade pode certamente ter muitas consequências, algumas das quais compreendemos e muitas das quais não compreendemos. A biodiversidade depende dos habitats e dos ecossistemas que a suportam. A perda de biodiversidade nas florestas tropicais, por exemplo, conduz a alterações significativas no funcionamento dos ecossistemas. A perda de biodiversidade também afecta os ecossistemas, tal como as alterações climáticas, a poluição e outras formas importantes de stress ambiental. A perda de biodiversidade que leva à extinção de espécies pode ter um impacto significativo nas nossas plantas e temos de nos preparar para isso.

1.5.3: Proteção da biodiversidade

Numa perspetiva ecológica, um primeiro passo para a proteção da biodiversidade consiste em travar a perda de espécies e conservar os recursos naturais. A conservação da biodiversidade compreende três categorias principais: Espécies e suas subpopulações, diversidade genética e ecossistemas. Do ponto de vista da gestão, é importante reconhecer que a conservação da biodiversidade está interligada com a gestão ambiental e o desenvolvimento sustentável. Os quadros jurídicos, tais como leis, regulamentos e directivas, visam estrategicamente proteger a biodiversidade. Os planos nacionais, provinciais e locais também contribuem para a conservação da biodiversidade, mas existem deficiências na implementação desses planos (por exemplo, capacidade, financiamento e outros recursos).
Não há dúvida de que a principal causa da perda de biodiversidade é o consumo de recursos, pelo que devemos prestar atenção ao que consumimos e evitar o seu desperdício. Os rótulos ecológicos ajudam os consumidores a reconhecer os produtos provenientes de uma silvicultura sustentável. Outras formas de dar o seu contributo são

- Promover a biodiversidade local (por exemplo, diversificar o jardim, plantar árvores e arbustos autóctones, reduzir a utilização de pesticidas).
- Defesa da biodiversidade (ou seja, estabelecimento de ligações com as comunidades locais que são importantes para a conservação da biodiversidade e divulgação de informações relevantes).
- Ajudar o ambiente (ou seja, aprender sobre os produtos, reduzir, reciclar e reutilizar, reduzir a sua pegada de carbono, por exemplo, utilizando eletricidade e água, reciclando materiais e utilizando produtos amigos do ambiente, comprando fruta e legumes cultivados localmente, de preferência biológicos, e comprando marisco colhido de forma sustentável).

Referências

- Duffy, J. E. (2003) Ideas and perspectives: biodiversity loss, trophic imbalance and ecosystem functioning. Ecology Letters 6: 680-687. EUA
- Michael, R. W. et al. (2010) Biodiversity Conservation: Challenges Beyond 2010. science 329:1298-1303
- Kaennel, M. (1998) Biodiversity: A Diversity in Definition. Dordrecht, Kluwer.
- Smith, T. B. et al. (1997) A Role for Ecotones in Generating Rainforest Biodiversity. Ciência 276:1855-1857
- Worm, B. et al. (2006) Impacts of biodiversity on ocean ecosystem services. Ciência 314: 787-790
- Yule, J. V., Fournier, R. J., Hindmarsh, P. L. (2013) Biodiversity, Extinction, and Humanity's Future: The ecological and evolutionary consequences of human population and resource use. Humanities 2013, 2:147-159, Departamento de Ciências Biológicas, Louisiana Tech University. Lousiana.
- União Internacional para a Conservação da Natureza (UICN). (sem data) IUCN

Red List: Species extinction - The facts. Programa de conservação das espécies. Suíça.

- Dietz, S. e Adger, W. N. (2003) Economic growth, biodiversity loss and conservation effort. Journal of Environmental Management 68:23-35. GREAT BRITAIN.
- Heller, N. Zavaleta, E. S. (2009) Biodiversity management in the face of climate change: a review of 22 years of recommendations. Biological Conservation 142: 14-32, Departamento de Estudos Ambientais, Universidade da Califórnia, Estados Unidos.
- Harley, C. D. G. (2011) Climate Change, Keystone Predation, and Biodiversity Loss [Alterações Climáticas, Predação de Espécies-chave e Perda de Biodiversidade]. Ciência 334:1124-1127.
- Sala, O. E. et al. (2000) Global Biodiversity Scenarios for the Year 2100, Science 287:1770-1774
- Wynberg, R. (2002) A decade of biodiversity conservation and use in South Africa: tracking progress from the Rio Earth Summit to the Johannesburg World Summit on Sustainable Development. South African Journal of Science 98: 233-243.
- Butchart, S. H. M. et al. (2010) Global Biodiversity: Indicators of Recent Decline. Ciência 328:1164-1168.
- King, N. K., Rosmarin, T., Friedmann, Y. et al. (2005) Biodiversity and Ecosystem Health: Background Research Paper, preparado para o South Africa Environment Outlook Report em nome do Department of Environmental Affairs and Tourism. Projeto Nacional sobre o Estado do Ambiente.
- Parques Nacionais da África do Sul (SANParks). (2013) Relatório de Investigação SANPARKS 2013, África do Sul.
- http://www.iucn.org/what/biodiversity/about/
- http://www.globalissues.org/article/171/loss-of-biodiversity-and- em extinção
- http://www.globalissues.org/issue/169/biodiversity
- http://www.biodiv.be/biodiversity/about_biodiv/importance-biodiv
- http://www.biodiversity.sg/biodiversity-information/view-slideshow/anthropic-impact-and-biodiversity/pollution-and-biodiversity/#
- http://soer.deat.gov.za/25.html
- http://www.unep.org/wed/2010/english/biodiversity.asp
- http://wwf.panda.org/about_our_earth/biodiversity/
- http://www.easac.eu/fileadmin/PDF_s/reports_statements/A.pdf
- http://www.pbl.nl/en/publications/2002/Biodiversity_how_much_is_l eft_The_Natural_Capital_Index_Framework_NCI
- http://www.greenfacts.org/en/global-biodiversity-outlook/l-3/3- mess-trends .htm
- http://naturalcapitalforum.com/about/

- http://wwf.panda.org/about_our_earth/biodiversity/biodiversity_and _seu
- http://www.nsf.gov/news/news_summ.jsp?cntn_id=124016
- http://www.rainforestconservation.org/rainforest-primer/2- biodiversitaet / g-losses-in-biodiversity/4-consequences-of-the-loss-of-biodiversity/
- http://blogs.ei.columbia.edu/2011/04/30/what-you-can-do-to-protect-biodiversidade/
- http://www.britannica.com/EBchecked/topic/186738/endangered- Espécies
- http://www.biologicaldiversity.org/programs/biodiversity/elements_of_biod

iversity/ extinction_crisis /
- http://millenniumassessment.org/en/Condition.html
- Shah, A. (2013) Biodiversity. Obtido em 26 de abril de 2013, de Global Issues: http://www.globalissues.org/issue/169/biodiversity
- www.dlist-asclme.org
- www.dlist-benguela.org
- Chivian, E. e A. Bernstein (eds.) (2008) Sustaining Life: How human health depends on biodiversity. Centro para a Saúde e o Ambiente Global. Oxford University Press, Nova Iorque.
- Sepkoski, J. (1998) Rates of speciation in the fossil record. The Royal Society, 315-326.

LAND RESOURCES

2.0: Introdução

Este capítulo aborda amplamente os direitos fundiários e explora alguns conceitos relacionados com este tema, como a restituição da terra, a posse da terra, a reforma agrária, a utilização da terra, etc. Apresenta também um cenário de aceleração da degradação da terra, o seu impacto e os desafios que as pessoas enfrentam para travar esta degradação. Abordará, em termos gerais, os direitos fundiários e alguns conceitos conexos, como a restituição de terras. Também traçará um cenário de aceleração da degradação da terra, seus impactos e os desafios que as pessoas enfrentam para deter essa degradação. Este capítulo é composto por quatro subsecções: 2.1 introduz o módulo e fornece uma definição geral de terra, 2.2 centra-se na compreensão geral dos direitos fundiários e centra-se na África do Sul para depois analisar os direitos fundiários ancestrais e legais, bem como os direitos fundiários das mulheres, 2.3 centra-se na posse da terra e na sua importância, na reforma fundiária e no acesso à terra, enquanto 2.4 aborda questões de utilização da terra, tais como opções de utilização da terra, degradação da terra, poluição da terra e reabilitação da terra.

2.1: Definição de terreno

A terra pode ser definida como qualquer parte da superfície terrestre que não esteja coberta por uma massa de água, e é a parte da superfície terrestre ocupada por continentes e ilhas. Pode ser uma área de terra com base na sua natureza ou composição, como os terrenos agrícolas, ou uma área de terra com limites específicos que uma pessoa pode comprar para construir uma casa. Muitas vezes, a definição de terra está também associada ao direito. Uma definição de terra no contexto do direito pode ser definida como qualquer parte da superfície terrestre que pode ser adquirida como propriedade e tudo o que lhe está associado, seja pela natureza ou pelas mãos humanas. A terra é um recurso importante não só porque tem valores sociais, económicos e ambientais, mas também porque existem frequentemente laços muito fortes entre as pessoas e a sua terra. A terra pode determinar as actividades que as pessoas podem realizar nela. Os meios de subsistência das pessoas dependem dos recursos naturais que a terra tem para oferecer. Juntamente com a ligação emocional a certas áreas de terra, não é surpreendente ouvir as comunidades locais dizerem que "a terra é tudo".

2.2: Direitos fundiários

Em termos simples, os direitos fundiários referem-se à propriedade da terra. Os direitos à terra são importantes para todos os indivíduos, uma vez que constituem o recurso mais importante para a proteção e a segurança e estão ligados a todas as nossas necessidades. No entanto, os direitos à terra de muitas pessoas estão cada vez mais ameaçados, especialmente os das comunidades pobres e desfavorecidas e das mulheres. A segurança dos direitos fundiários tem múltiplas vantagens para os pobres, por exemplo em termos de segurança alimentar, e oferece-lhes a oportunidade de saírem da pobreza. A existência de direitos fundiários seguros tende a promover a estabilidade social, reduzindo a insegurança e os conflitos em torno da terra e atenuando os problemas de insegurança, desemprego, pobreza e marginalização social associados à falta de terra e aos sem-abrigo. Ao dar aos pobres acesso à terra e direitos sobre ela, isto pode levar à inclusão social e económica. Pode também proporcionar um estatuto de residência seguro, o que pode conduzir a melhores oportunidades de emprego. A terra como recurso tem uma reação positiva em cadeia sobre uma série de benefícios e alternativas positivas para os pobres. Os direitos fundiários seguros constituem uma base sólida para as actividades económicas e produtivas, uma vez que facilitam o crescimento do rendimento das famílias e, em muitos casos, melhoram a segurança alimentar e servem de rede de segurança em momentos de necessidade. Uma distribuição mais equitativa da terra na sociedade contribuirá para reduzir a desigualdade social. Os direitos fundiários são a capacidade absoluta de os indivíduos adquirirem, utilizarem e possuírem a terra como entenderem, desde que as suas actividades na terra não interfiram com os direitos dos outros. Isto não deve ser confundido com o acesso à terra, que permite aos indivíduos utilizarem a terra num sentido económico (por exemplo, a agricultura). Pelo contrário, os direitos fundiários dizem respeito à posse de terra que proporciona segurança e expande as capacidades humanas. Se uma pessoa só tem acesso à terra, está constantemente em risco de ser deslocada em função das decisões do proprietário, o que limita a estabilidade financeira.

2.2.1 Direito nacional

Esta é a forma de lei que trata dos direitos de utilização, partilha ou exclusão de terceiros da terra. Os direitos fundiários são uma parte integrante da legislação fundiária, uma vez que fazem valer socialmente os direitos de grupos de pessoas à propriedade da terra, em conformidade com a legislação fundiária de uma nação. A legislação fundiária trata dos requisitos legais de um país em relação à propriedade da terra, enquanto os direitos fundiários dizem respeito à aceitabilidade social da propriedade da terra.

2.2.2 : Direitos fundiários na África do Sul

A luta pela terra na África do Sul foi parte integrante da luta pelo poder económico e político. É importante analisar a forma como as lutas pela terra se inserem no contexto histórico e político da África do Sul. Houve vários períodos importantes de expropriação de terras na África do Sul. Estes incluem os seguintes:

- Nos tempos pré-coloniais, as tribos e clãs indígenas deslocavam outros grupos
- Durante o período colonial, os colonos reivindicaram mais terras
- Durante os governos desde 1948 e até 1994, o acesso à terra foi determinado pela implementação do apartheid.

No entanto, desde a abolição do apartheid, o governo sul-africano tem feito esforços significativos para resolver o problema da desapropriação de terras. A Constituição da República da África do Sul, que constitui a base de uma sociedade aberta assente em valores democráticos, na justiça social e nos direitos humanos, é um exemplo dos esforços envidados pelo Governo para resolver a questão da expropriação de terras. A Constituição da República da África do Sul de 1996 é a lei suprema do país. Não há nenhuma outra lei nem nenhum outro governo que se possa sobrepor às disposições da Constituição. A Constituição sul-africana é uma das mais progressistas do mundo. A Declaração de Direitos é a pedra angular da democracia na África do Sul. Protege os direitos de todos os cidadãos sul-africanos e afirma os valores democráticos da dignidade humana, da igualdade e da liberdade.

ᵗʰDe acordo com a Constituição da República da África do Sul de 1996 (incluindo todas as alterações até à 16.ª alteração), Capítulo 2: Carta de Direitos - Secção 25: Propriedade ou 2 (25):

1. *Ninguém pode ser privado de bens, exceto com base numa lei de aplicação geral, e nenhuma lei pode autorizar a privação arbitrária de bens.*
2. *Os bens só podem ser expropriados ao abrigo do direito comum*
    a. *para um objetivo público ou de interesse público; e*
    b. *estejam sujeitas a indemnização, cujo montante, calendário e modo de pagamento tenham sido acordados pelas partes interessadas ou decididos ou autorizados por um tribunal.*
3. *O montante da indemnização e o prazo e forma de pagamento devem ser justos e razoáveis e refletir um equilíbrio justo entre o interesse público e os interesses das pessoas em causa, tendo em conta todas as circunstâncias relevantes, nomeadamente*
    a. *a utilização atual do imóvel;*
    b. *o historial da aquisição e da utilização do bem;*
    c. *o valor de mercado do imóvel;*
    d. *a extensão do investimento público direto e dos subsídios para a aquisição e melhoria benéfica do capital da propriedade; e*
    e. *o objetivo da expropriação.*
d. *Para efeitos da presente secção*
    a. *O interesse público inclui o empenhamento da nação na reforma agrária e em reformas que permitam um acesso equitativo a todos os recursos naturais da África do Sul;*
    b. *A propriedade não se limita à terra.*
5. *O Estado deve adotar medidas legislativas e outras medidas adequadas, dentro das suas possibilidades, para criar condições que permitam aos cidadãos ter igualdade de acesso à terra.*
6. *Uma pessoa ou comunidade cuja posse da terra seja juridicamente insegura devido a leis ou práticas discriminatórias em razão da raça no passado terá direito, na medida prevista por uma lei do Parlamento, a uma posse de terra juridicamente segura ou a um alívio comparável.*
7. *. As pessoas ou comunidades expropriadas após 19 de junho de 1913 em virtude de leis ou práticas anteriores de discriminação racial terão direito à restituição dessa propriedade ou a uma indemnização adequada, na medida prevista por uma lei do Parlamento.*
8. *Nenhuma disposição da presente secção impedirá o Estado de tomar medidas legislativas e outras para implementar a reforma agrária, hídrica e afins, a fim de eliminar os efeitos da discriminação racial do passado, desde que qualquer derrogação às disposições da presente secção seja compatível com as disposições do n.º 1 do artigo 36.*
9. *O Parlamento deve promulgar a legislação referida na subsecção (6).*

É importante reconhecer que, embora a situação relativa aos direitos fundiários na África do Sul tenha melhorado, é necessário um esforço e um apoio muito maiores para alcançar novas melhorias. As leis e a legislação apenas fornecem uma base para o planeamento e a implementação.

1.1.3 : Direitos fundiários similares e legais

Os direitos ancestrais, legais e consuetudinários à terra são a propriedade da terra que foi tradicionalmente adquirida e ocupada através de um conceito de "direitos especiais" que associa o reconhecimento e o usufruto desses direitos a uma identidade étnica ou cultural específica (ou seja, povos indígenas ou povos aborígenes). Parte-se também do princípio de que os direitos ancestrais, estatutários e consuetudinários à terra são "direitos antigos" e estão enraizados na história. Estes tipos de direitos à terra também podem ser associados à administração da terra no âmbito da instituição da chefia ou do tribalismo e ao estabelecimento de limites territoriais dentro dos quais os chefes eram nomeados "administradores" da terra. A maioria dos povos indígenas afirma que os seus direitos são inerentes e colectivos e que derivam da ocupação ancestral da terra. No entanto, os antepassados não precisavam de autorização para sobreviver numa determinada terra e a terra não era dada ou vendida a ninguém.

1.1.4 Direitos das mulheres à terra

De acordo com a Constituição da República da África do Sul de 1996, Capítulo 2: Declaração de Direitos, Secção 9: *"Igualdade, todos são iguais perante a lei e têm direito a igual proteção e igual benefício da lei"*.

No entanto, o Estado não pode discriminar injustamente, direta ou indiretamente, qualquer pessoa por um ou mais motivos, incluindo a raça, o sexo, a gravidez, o estado civil, a origem étnica ou social, a cor, a orientação sexual, a idade, a deficiência, a religião, a consciência, a crença, a cultura, a língua e o nascimento. No entanto, deve ser dada especial atenção aos direitos das mulheres sobre a terra. Em muitas culturas e sociedades, as mulheres são excluídas do direito de propriedade, incluindo a terra, ou não gozam dos mesmos direitos que os homens. No casamento e nas relações familiares, o direito das mulheres à propriedade está frequentemente sujeito à autoridade do marido ou do pai. Garantir a igualdade de direitos de propriedade conduz à capacitação económica e tem um impacto direto no estatuto das mulheres. O Livro Branco sobre a Política Fundiária da África do Sul afirma que "é imperativo assegurar a igualdade de género na distribuição de terras e no programa de reforma agrária". As mulheres são confrontadas com a combinação de leis de herança tradicionais e com os novos desafios da crescente urbanização. Consequentemente, os direitos das mulheres à terra ao abrigo dos sistemas tradicionais de posse continuam a ser fracos. Os sistemas tradicionais africanos são patriarcais e tratam as mulheres como dependentes (esfera doméstica), embora elas desempenhem um papel central na utilização da terra. As mulheres mais pobres na base são as mais afectadas pela "apropriação de terras", ou seja, a apropriação de terras em grande escala nos países em desenvolvimento. Em algumas áreas (Figura 2), as mulheres com direitos desiguais à terra são também afectadas pelo acesso a outros recursos e pelo seu estatuto económico, social e político na sociedade. A garantia dos direitos das mulheres à terra exige o reforço das capacidades para dotar as mulheres de competências de liderança e mobilizar mais mulheres - em benefício das mulheres.

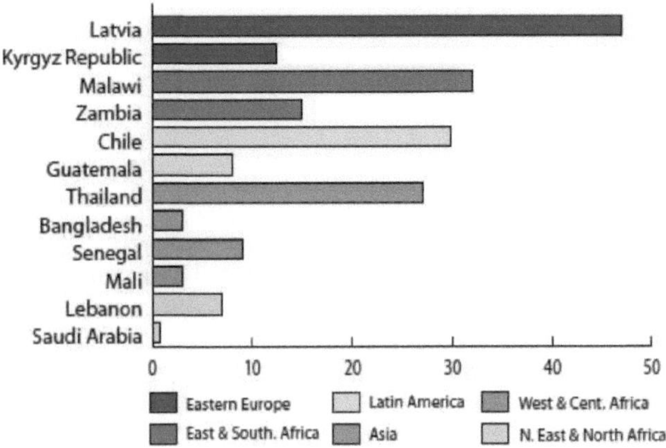

Source: *FAO Gender and Land Rights Database.*

Figura 2: Títulos de terra detidos por mulheres em diferentes regiões

2.3: Propriedade do terreno

De acordo com a FOA (2002), a posse da terra pode ser definida como a relação legal ou habitualmente definida entre as pessoas, como indivíduos ou grupos, em relação à terra. As regras de posse da terra determinam a forma como os direitos de propriedade da terra devem ser distribuídos numa sociedade. Determinam como é concedido o acesso aos direitos de utilização, controlo e transferência de terras, bem como as responsabilidades e restrições associadas. Em termos simples, os sistemas de posse da terra determinam quem pode utilizar que recurso(s), durante quanto tempo e em que condições. A posse da terra é reconhecida como o sistema legal em que a terra é propriedade de uma pessoa que se diz "dona" da terra. Também pode ser referido como o acordo de propriedade da terra de uma pessoa. A posse da terra é o arranjo institucional de regras, políticas, procedimentos e práticas que define o controlo, o acesso, a gestão e a utilização dos recursos e da existência. A posse da terra refere-se ao conjunto de direitos e obrigações ao abrigo dos quais a terra é detida, transferida e transmitida. A posse da terra é frequentemente categorizada como se mostra no Quadro 2.1, que contém as diferentes categorias de posse da terra e a sua subsequente descrição.

Quadro 2.1 As diferentes categorias de propriedade fundiária

Descrição da categoria

Privado refere-se aos direitos de uma parte privada, ou seja, propriedade de indivíduos, grupos, entidades comerciais, organizações sem fins lucrativos e empresas, por exemplo, propriedades residenciais.

Os direitos comunais referem-se a direitos que existem numa determinada comunidade, por exemplo, o direito de pastar gado em terras pertencentes à comunidade.

O direito consuetudinário refere-se aos direitos fundiários que se baseiam na tradição

Aberto refere-se a certos direitos que não são atribuídos a ninguém, e
Acesso para todos, ou seja, acesso livre para a vida marinha
Estado refere-se a direitos de propriedade atribuídos a autoridades ou sectores
públicos

A propriedade da terra pode variar muito entre as zonas urbanas e rurais,
principalmente porque a terra é utilizada para fins agrícolas nas zonas rurais e para
fins residenciais e comerciais nas zonas urbanas.

2.3.1: A importância da propriedade fundiária

A segurança da posse é importante por uma série de razões, incluindo o facto de
"proteger" as pessoas com direitos à terra. Em particular, protege-as dos seguintes
riscos de insegurança da posse:
- Os direitos à terra estão ameaçados por reivindicações concorrentes;
- Perda de terras devido a deslocações; e
- Afecta a capacidade de garantir a alimentação e de usufruir de um meio de
subsistência sustentável nas zonas rurais. As pessoas com direitos fundiários têm um
direito legal especial à propriedade e ao controlo da terra e dos recursos. A
propriedade da terra é importante para o desenvolvimento rural, a fim de criar meios
de subsistência sustentáveis. Os direitos de propriedade da terra são um dos recursos
mais importantes (família, capacitação económica, crescimento individual). Por
conseguinte, não são apenas importantes para o crescimento económico, mas também
para as relações sociais e os valores culturais.

A insegurança no emprego também pode surgir pelas seguintes razões, mas não se
limita a elas
- Fator importante para a pobreza extrema
- Dependência
- Estabilidade social
- Migração rural
- Abandono de imóveis

2.4: Reforma agrária

A reforma agrária visa corrigir a injustiça histórica da desapropriação de terras, da
negação do acesso à terra e da deslocação forçada. Pode incluir uma ou mais das
seguintes medidas
- **Restituição de terras**: inclui a restituição ou a compensação financeira de terras
  ao abrigo da Lei de Restituição de Terras de 1994 para pessoas desapropriadas ao
  abrigo da Lei de Terras de 1913 (que formalizou a desapropriação de terras aos
  sul-africanos negros)
- **Redistribuição de terras:** inclui a disponibilização de terras para a produção
  agrícola, para fins de instalação e para empresas não agrícolas, com o objetivo de
  proporcionar às pessoas desfavorecidas e pobres terras para habitação e
  pequenas explorações agrícolas
- **Reforma da posse da** terra: Tem em conta a segurança da posse da terra, com leis
  introduzidas para dar às pessoas a segurança da posse. Estas leis incluem a Lei
  da Reforma Agrária 3 de 1996, a Lei 62 de 1997 sobre a Extensão da Segurança da

Posse de Terra e a Lei de 1998 sobre a Prevenção da Ocupação Ilegal de Terras, todas elas proporcionando alguma proteção da posse.

2.5: Acesso à terra

Enquanto os direitos fundiários se referem à propriedade da terra, que proporciona segurança e melhora as capacidades humanas, o acesso à terra permite que o indivíduo a utilize (por exemplo, agricultura, arrendamento). Se uma pessoa só tiver acesso à terra, corre o risco constante de ser deslocada em função das decisões do proprietário, o que limita a estabilidade financeira. A terra sempre foi vista como uma fonte primária de riqueza, estatuto social e poder e tem um significado cultural, religioso e legal. Os serviços básicos, como a água, a eletricidade, o saneamento, etc., dependem frequentemente do acesso aos direitos fundiários. A terra constitui a base para o abrigo, a alimentação e as actividades económicas. A terra é o fator mais importante na criação de oportunidades de emprego nas zonas rurais, uma vez que a terra está a tornar-se cada vez mais um recurso escasso, especialmente nas zonas urbanas. Em muitas comunidades, o acesso à terra é regulado por disposições legais e consuetudinárias. O acesso à terra é regulado pela posse da terra e é regularmente classificado da seguinte forma:

- Terrenos privados, ou seja, direitos de propriedade pertencentes a um particular, quer se trate de uma pessoa singular, de um casal, de um grupo de pessoas, de uma entidade jurídica, de uma empresa ou de uma organização sem fins lucrativos.
- Terra comum, que se refere ao direito à terra comum dentro de uma comunidade que dá aos membros da comunidade o direito de usar a terra, por exemplo, pastar o gado num pasto comum.
- Espaços de livre acesso onde não são atribuídos direitos específicos a ninguém e onde ninguém pode ser excluído.
- Terrenos estatais em que os direitos de propriedade são transferidos para uma autoridade do sector público, por exemplo, o Ministério das Obras Públicas.

2.6: Questões de utilização dos solos

2.6.1 Opções de utilização dos solos

Existem diferentes tipos de utilização da terra, que se referem essencialmente à utilização humana da terra e ao objetivo para o qual a terra é legalmente utilizada. De acordo com a FAO/UNEP (1999), o uso do solo pode ser definido como a caraterização das disposições, actividades e contribuições que as pessoas fazem para um determinado tipo de cobertura do solo, a fim de o produzir, alterar ou manter. Por mudança de uso do solo entende-se a alteração do uso atual do solo para outro uso do solo, por exemplo, ambientes naturais podem ser alterados para ambientes construídos. Estas mudanças de uso do solo podem levar a alterações e impactos nos recursos naturais e nos seus habitantes, por exemplo, água, solo, nutrientes, plantas e animais. As práticas de planeamento e gestão do uso do solo são, por conseguinte, importantes; estas práticas são também protegidas por lei e geridas pelas comunidades.

2.6.2 Degradação dos solos

A degradação da terra é o declínio temporário ou permanente da capacidade produtiva da terra. É um dos principais problemas que a África do Sul enfrenta atualmente e não é apenas um problema ambiental (especialmente nas zonas rurais), mas também contribui para os problemas de migração, sobrepopulação e desemprego no país. Muitas vezes, a degradação das terras ocorre num ambiente já frágil, em zonas áridas, etc. As causas da degradação das terras incluem, entre outras:

- Factores socioeconómicos relacionados com a política fundiária histórica e a utilização inadequada dos solos
- Mau planeamento da utilização dos solos
- Variabilidade da seca e da precipitação
- Utilização e gestão dos solos
- Exploração mineira

Para combater a degradação dos solos, as partes interessadas (população local, decisores políticos, peritos, organizações não governamentais, etc.) têm de trabalhar em conjunto para compreender as causas, os efeitos e as consequências da degradação dos solos. O reforço das capacidades, a comunicação e as parcerias são cruciais na luta contra a degradação dos solos. A degradação dos solos só pode ser avaliada na perspetiva de partes interessadas específicas. A avaliação da degradação dos solos é importante porque é necessária como instrumento de desenvolvimento rural e para apoiar os meios de subsistência das populações rurais pobres. É igualmente essencial reconhecer a complexidade dos fenómenos naturais e/ou ambiente alterado. Além disso, é imperativo reduzir a degradação dos solos e promover uma gestão sustentável dos mesmos. As abordagens devem incluir os benefícios sociais, económicos e ambientais das medidas de combate à degradação dos solos. Na avaliação são utilizados indicadores, incluindo os apresentados no Quadro 2.2.

Quadro 2. 2 Indicadores utilizados nas avaliações

2.6.3 Contaminação do solo

Assessments	**Indicators**
Biophysical Assessment	• Erosion assessment; • Vegetation assessment; • Erosion impact; and • Soil variables.
Productivity Assessment	• Soil quality change; • Vegetation change; • Yield change; and • Effect or future yields.
Economic Analysis / Assessment	• Investment appraisals; and • Returns to labour.

A poluição do solo pode ser definida como a degradação do solo por resíduos sólidos ou líquidos no subsolo que conduzem a efeitos nocivos. Pode ser causada direta ou indiretamente por actividades humanas (actividades antropogénicas) e pode ter efeitos a curto e a longo prazo no ambiente. A descarga de lixo, resíduos e outras substâncias tóxicas leva a que o solo fique contaminado ou poluído. As causas conhecidas da poluição do solo incluem: A desflorestação e a erosão do solo, as actividades agrícolas, a exploração mineira, os aterros excessivamente cheios, a industrialização, as actividades de construção, os resíduos nucleares e o tratamento de águas residuais. Os efeitos da poluição do solo são devastadores e, nalguns casos, irreversíveis. Estes incluem: Poluição do solo, alteração dos padrões climáticos, impacto no ambiente, impacto na saúde humana, causa de poluição atmosférica, distração para os turistas e impacto na biodiversidade. As possíveis soluções para a poluição dos solos são: Reduzir, reciclar, reutilizar; evitar ou reduzir a utilização de pesticidas e fertilizantes; eliminar corretamente os resíduos e reduzir o volume de resíduos que acabam por ser depositados em aterros; utilizar produtos biodegradáveis e gestão de resíduos.

2.6.4 Reabilitação de imóveis

A reabilitação de terras pode ser definida como uma tentativa de restaurar uma área, até certo ponto, ao seu estado original ou natural, na sequência de um processo que danificou ou degradou a área. A reabilitação pode ser o resultado da degradação do solo causada pela exploração mineira, agricultura, práticas de gestão agrícola inadequadas, desenvolvimento de infra-estruturas, poluição, desflorestação, etc. A degradação do solo exige frequentemente a sua reabilitação. Tal como acontece com a degradação do solo, a recuperação do solo envolve uma variedade de partes interessadas, por exemplo, autoridades locais, comunidades, investigadores, organizações não governamentais, etc. O objetivo final da recuperação do solo é essencialmente restabelecer a utilização mais adequada das terras.

Referências

- Foley, J. A. et al. (2005) Global Consequences of Land Use. Science 309: 570-574.
- Centro Técnico de Cooperação Agrícola e Rural (CTA). (2001) Land rights. Rural Radio Resource Pack, 01/4, Países Baixos.
- Jacobs, P., Lahiff, E. e Hall, R. (2003) Evaluating land and agrarian reform in South Africa, An occasional paper series: Redistribution of land. Programa de Estudos Agrários e da Terra (PLAAS). Escola de Governo, Universidade do Cabo Ocidental.
- Ministério dos Negócios Estrangeiros e do Comércio. (2008) About Australia: Indigenous land rights and native title. Série de Factos sobre a Austrália. Departamento dos Negócios Estrangeiros e do Comércio. Governo australiano.
- Namubiru-Mwaura, E. (2014) Género, Igualdade e Desenvolvimento. Women's Voice, Agency, & Participation Research Series 6: i-32.
- Hilhorst, T. (2011) A contribuição dos governos locais. Farming Matters.
- República da África do Sul. (2011) Livro Verde sobre a Reforma Agrária. Ministério do Desenvolvimento Rural e da Reforma Agrária.
- Ahidjo, P. (2012) Access to Land and the System of Land Ownership in Northern Cameroon. Edição 3.
- Cotula, L., Toulmin, C. e Quan, J. (2006) Better land access for the rural poor: lessons learnt and challenges. Organização das Nações Unidas para a Alimentação e a Agricultura (FAO).
- Andrew, M., Ainslie, A., Shackleton, C. (2003) Evaluating land and agrarian reform in South Africa, An occasional paper series: Land use and livelihoods. Programa de Estudos Agrários e da Terra (PLAAS). Escola de Governo, Universidade do Cabo Ocidental.
- Wisborg, P. e Rohde, R. (2004) Land reform and agrarian change in southern Africa, An occasional paper series: Contested land tenure reform in South Africa: The Namaqualand experience. Escola de Governo, Universidade do Cabo Ocidental.
- FAO. (2002) Land tenure and rural development. Estudos da FAO sobre a posse da terra.
- Charlton, S. (2008) The State of Land Use Management in South Africa. Estratégia da Segunda Economia: Combater a Desigualdade e a Marginalização Económica.
- Reichardt, M. (2012) A History of Mine Waste Rehabilitation Techniques in South Africa: uma visão geral multidisciplinar da reabilitação de resíduos de minas e dos factores não científicos para a sua implementação 1950s - 1980s. Departamento de Botânica, Universidade de Witwatersrand.
- Marshall, E. e Shortle, J. (2005) Impacts of urban development on ecosystems. Capítulo 7: Land use problems and conflicts: causes, consequences and solutions.

- http://dictionary.reference.com/browse/land
- http://www.ecologyandsociety.org/ vol16/iss2/art29/
- http://www.globalissues.org/article/201/land-rights
- http://www.fao.org/ docrep/012/al059e/al059e00.pdf
- http://www.fao.org/ docrep/005/Y4307E/y4307e05.htm
- http://csis.org/ publication/land-tenure-property-rights-and-rural-economic-development-africa
- http://www.odi.org/sites/odi.org.uk/files/odi-assets/publications- opinion-files/2760.pdf
- http://www.aaqnaq.com/en/resources/ancestral-rights/what-does-expression-root-right-means/
- http://www.trust.org/contentAsset/raw-data/1440891e-13ac-434a- bc73-9264e9aabbbf/file
- http://www.fao.org/ docrep/005/Y4307E/y4307e04.htm
- http://lalr.org.za/news/land-reform-in-post-apartheid-south-africa- 2013-uma-desilusão-da-festa-de-ben-cousins
- http://www.cpahq.org/cpahq/cpadocs/Better%20Land%20Access%20fou%20the%20rural%20poor%20FAO.pdf
- http://www.undp.org/ content/undp/en/home/press-centre/speeches /2010/07/02/womens-empowerment-in-africa-and-the-ldcs.html
- http://www.who.int/globalchange/ecosystems/desert/en/
- http://www.fao.org/nr/land/degradation/en/
- http://www.eolss.net/Sample-Chapters/C19/E1-05-04-07.pdf
- https://www.nativeseeds.com.au/topics/revegetation-reclamation-reabilitação/
- http://www.conserve-energy-future.com/causes-effects-solutions-of- land-pollution.php

CAPÍTULO 3

DEGRADAÇÃO E PERDA DE RECURSOS DE ÁGUA DOCE

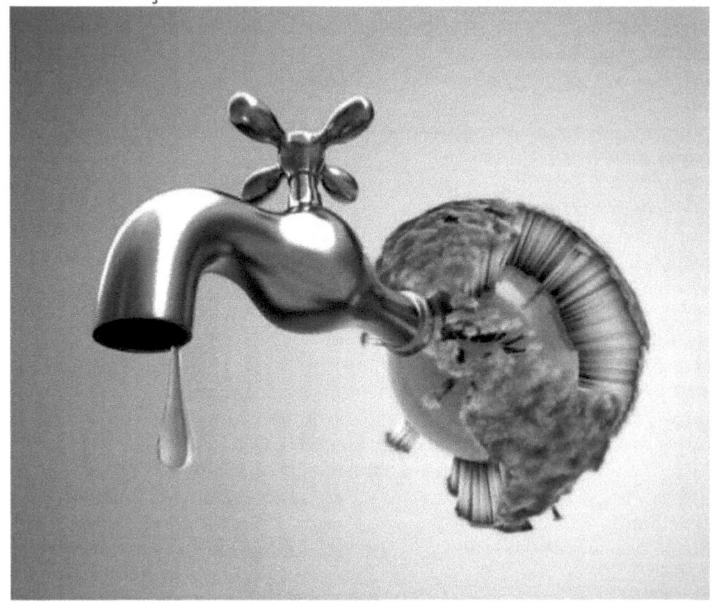

3:0 Introdução

Este capítulo centra-se na água doce e examina as questões críticas da gestão da água, bem como os diferentes sistemas hídricos, as necessidades de água, a poluição da água, a escassez de água e o impacto da privatização da água. As subsecções deste capítulo definem as águas internacionais, sublinham o facto de tudo estar relacionado com a água, o ciclo da água e os ecossistemas de água doce, chamam a atenção para as crises da água, a procura de água, a qualidade da água, a poluição da água e a eutrofização, e centram-se na sociedade e na água, na escassez de água, na conservação da água, nas alterações climáticas e no seu impacto nos recursos hídricos, na água transfronteiriça e no conceito de privatização da água.

3.1: Águas internacionais

A água não conhece fronteiras políticas. Uma massa de água ou uma bacia hidrográfica partilhada por dois ou mais países é definida como uma massa de água internacional. O termo águas internacionais, também designado por águas transfronteiriças, refere-se a áreas ou regiões onde qualquer um dos seguintes tipos de águas atravessa a(s) sua(s) fronteira(s) global(ais): Oceanos, grandes ecossistemas marinhos, mares regionais fechados ou semi-fechados e estuários, rios, lagos, sistemas de águas subterrâneas (por exemplo, aquíferos), pequenas bacias hidrográficas, como lagoas e zonas húmidas. Atualmente, existem vários acordos, leis, políticas e tratados internacionais sobre a água que regulam a utilização das águas internacionais, como a Convenção de Ramsar sobre as zonas húmidas, de 1971, e o acordo regional sobre a costa atlântica da África Ocidental e Central no âmbito do Programa dos Mares Regionais do Programa das Nações Unidas para o Ambiente (PNUA). A área focal das águas internacionais do Fundo Mundial para o Ambiente (GEF) foi criada em 1991 para apoiar os países na gestão conjunta das suas águas superficiais transfronteiriças, das bacias hidrográficas subterrâneas e dos sistemas costeiros e marinhos, facilitando a partilha dos benefícios decorrentes da sua utilização. Com a área focal das Águas Internacionais, o GEF cumpre um requisito único da agenda global da água: promover a cooperação transfronteiriça e criar confiança entre países que estão frequentemente envolvidos em conflitos difíceis e prolongados sobre a utilização da água.

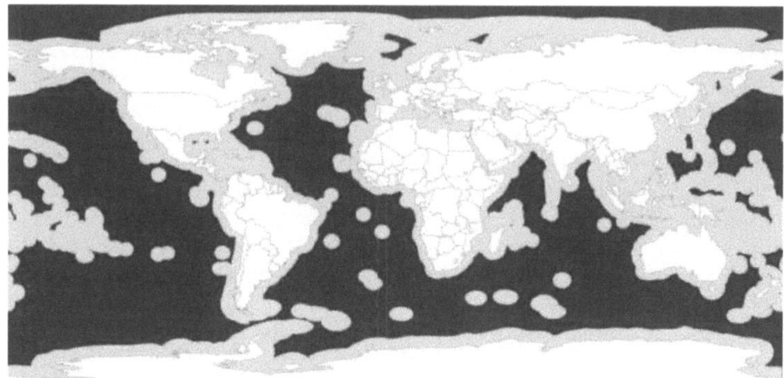

Figura 3.1: Águas territoriais e zona limítrofe.

Ao abrigo do Direito do Mar das Nações Unidas, os Estados costeiros podem declarar um mar territorial que lhes permite exercer a soberania nacional sobre uma faixa de águas costeiras que se estende por 12 milhas náuticas (22 km) a partir da linha de base (linha de baixa-mar). Além disso, podem exercer um controlo limitado sobre uma outra faixa de 12 milhas náuticas que se estende a partir da borda do mar territorial de 12 milhas náuticas, numa área conhecida como zona contígua. Os países podem também declarar uma Zona Económica Exclusiva (ZEE) que se estende até 200 milhas náuticas (370 km) a partir da linha de base do mar territorial. Os países podem controlar todas as actividades económicas na sua ZEE. As águas internacionais situam-se para além das ZEEs dos Estados costeiros e são uma área em que nenhum país tem soberania sobre outro.

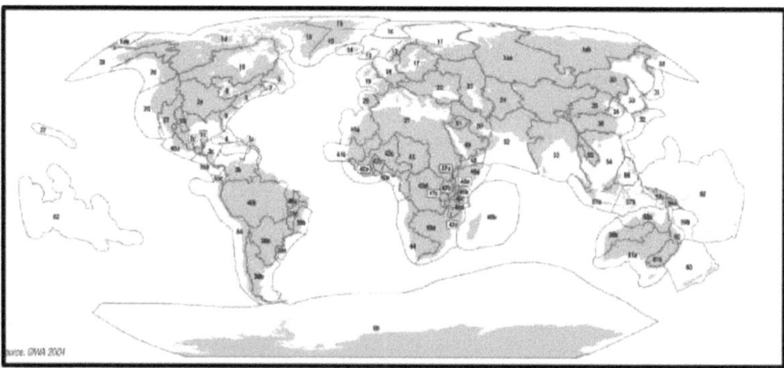

Figura 3.2: Mapa da Avaliação Internacional Global da Água (GIWA) de 2004.
O GIWA é um programa no domínio da água sob os auspícios do Programa das Nações Unidas para o Ambiente. O objetivo do programa é avaliar o estado ecológico e as causas dos problemas ambientais em 66 bacias hidrográficas de todo o mundo, como mostra a Figura 3.2. A avaliação centra-se nas condições e problemas ambientais das massas de água transfronteiriças (transnacionais), que incluem zonas marinhas,

costeiras e de água doce, águas de superfície e águas subterrâneas.

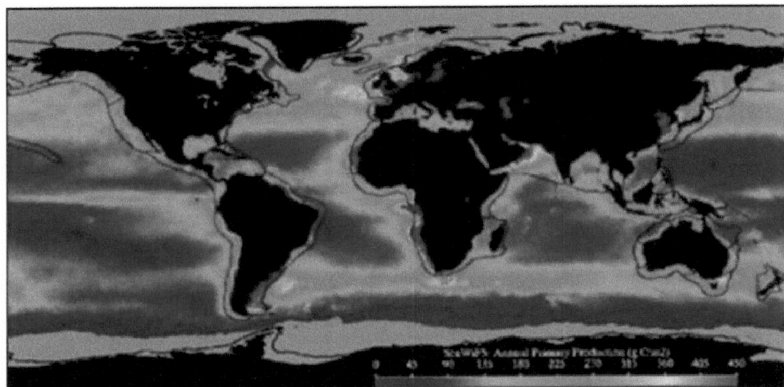

Figura 3.3: Grandes ecossistemas marinhos (LME) (www.lme.noaa.gov).
[2]Os grandes ecossistemas marinhos (LME) são áreas marinhas relativamente extensas, com cerca de 200 000 km ou mais, que fazem fronteira com os continentes em águas costeiras, onde a produtividade primária é geralmente mais elevada do que nas áreas de oceano aberto. Este mapa global (Figura 3.3) ilustra os limites e a produtividade primária média dos 64 LME do mundo.

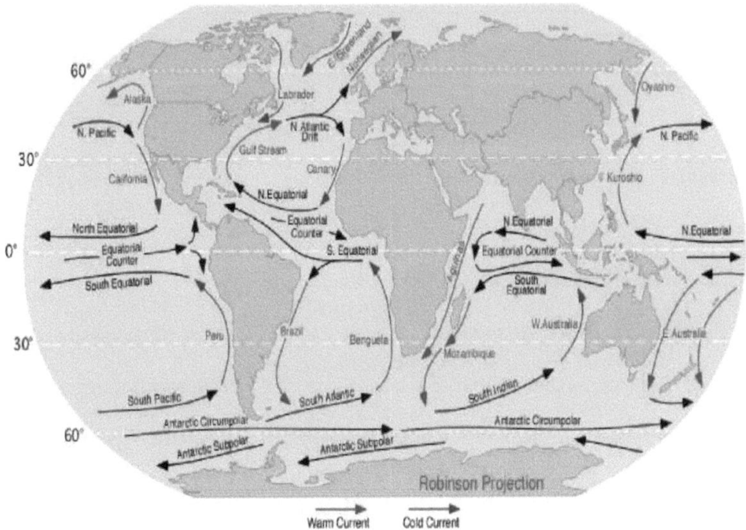

Figura 3.4: Sistemas globais de fluxo circular.

O mapa apresentado na Figura 3.4 ilustra os sistemas globais de fluxo circular (incluindo algumas das correntes oceânicas que impulsionam os principais ecossistemas marinhos). A área focal das águas internacionais do Fundo Mundial para o Ambiente (GEF) foi criada em 1991 para ajudar os países a gerir conjuntamente as suas águas superficiais transfronteiriças, as bacias hidrográficas subterrâneas e os sistemas costeiros e marinhos, permitindo a partilha dos benefícios da sua utilização. Com a área focal das Águas Internacionais, o GEF cumpre um requisito único da agenda global da água: promover a cooperação transfronteiriça e criar confiança entre países que estão frequentemente envolvidos em conflitos difíceis e prolongados sobre a utilização da água.

3.2: O ciclo hidrológico

A água move-se entre a superfície terrestre, as águas subterrâneas, os oceanos e a atmosfera devido às propriedades únicas das moléculas de água. Esta é a

O ciclo da água é globalmente importante (Figura 3.4). Este ciclo é alimentado pela energia do Sol. As moléculas de água evaporam-se de todas as superfícies de água na Terra e tornam-se húmidas na atmosfera através de um processo chamado evaporação. As moléculas de água acumulam-se na atmosfera e formam pequenas gotículas à medida que arrefecem, que voltam a cair no solo sob a forma de precipitação. As moléculas de água permanecem as mesmas durante este processo; apenas mudam a sua forma e localização. 97,5 % de toda a água do ciclo da água encontra-se nos oceanos. Os restantes 2,5 % são água doce, que se encontra nos rios, lagos, águas subterrâneas, calotes polares e na atmosfera. O ciclo da água é constituído por cinco elementos fundamentais:

- Precipitação
- Drenagem
- Armazenamento de águas superficiais e subterrâneas

- Evaporação/transpiração

- Água de condensação

Figure 3.5:   Distribuição do abastecimento global de água no ciclo da água.

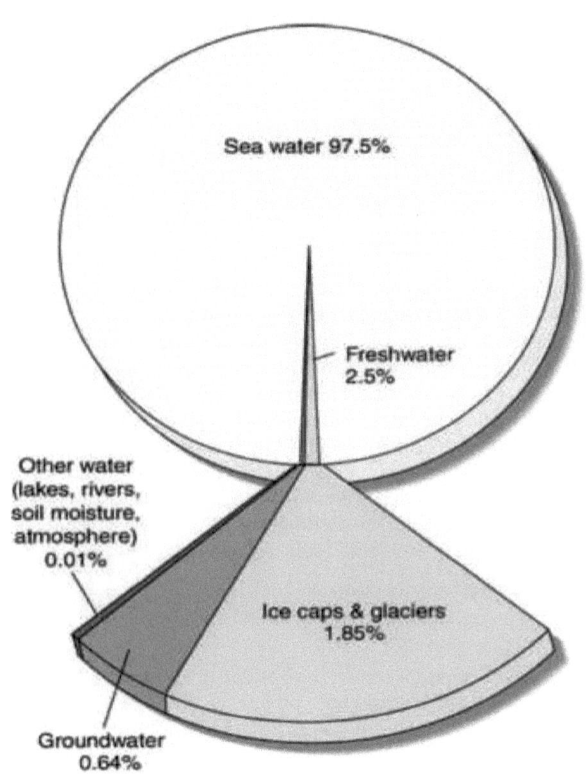

Figure 3.6:   O ciclo hidrológico

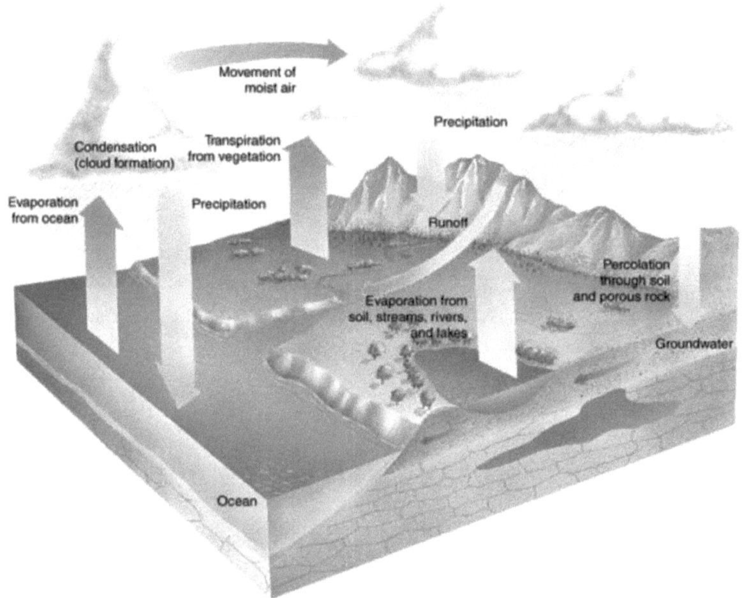

A água é inodora, incolor e insípida. A Terra é constituída por mais de 70 % de água, dos quais mais de 90 % é água salgada, que se encontra nos nossos oceanos. Apenas uma pequena percentagem da água da Terra é água doce, que se encontra armazenada em fontes como as águas subterrâneas, as calotes polares e os glaciares, os rios, os pântanos e os lagos. A água constitui uma grande parte da nossa terra, dos nossos corpos, dos alimentos que comemos e das bebidas que bebemos. A água é utilizada para nos limparmos a nós próprios, a roupa, a loiça e tudo o resto. Os organismos vivos precisam de água para sobreviver, as plantas precisam de água para produzir alimentos e os animais também dependem dos recursos hídricos, tal como a maioria dos outros seres vivos. Os seres humanos utilizam a água na agricultura, na indústria, em casa, nos tempos livres, no ambiente e nos transportes.

A água doce é necessária para a maioria das utilizações humanas da água:

-   Utilização agrícola, incluindo irrigação

- A utilização industrial inclui centrais hidroeléctricas, centrais de produção de energia, processos químicos e refrigeração
- A utilização recreativa inclui natação, esqui aquático, passeios de barco, campos de golfe, etc.
- A utilização do ambiente inclui a preservação dos sistemas naturais
- Transporte

3.3: Ecossistemas de água doce

Os ecossistemas de água doce são uma subcategoria dos ecossistemas aquáticos da Terra. Incluem lagos, lagoas, rios, riachos, nascentes e zonas húmidas. Em contraste com os ecossistemas marinhos, os ecossistemas de água doce têm um teor de sal mais baixo e são classificados de acordo com vários factores, como a localização, o clima, a incidência de luz, a temperatura, a diversidade de espécies e a vegetação. Os ecossistemas de água doce são cruciais para a existência de organismos vivos, especialmente para a vida humana e o bem-estar social e económico. Estes ecossistemas fornecem à sociedade muitos bens e serviços valiosos. A sociedade está altamente dependente dos rios, lagos, zonas húmidas e aquíferos subterrâneos para a água potável, actividades quotidianas como tomar banho, cozinhar e irrigar as culturas, sobrevivência do gado, transporte, recreio e funcionamento dos processos industriais. Os serviços prestados pelos ecossistemas de água doce incluem o controlo das cheias, o transporte, a recreação, a purificação dos resíduos humanos e industriais, o habitat para a flora e a fauna, a produção de peixe e de outros produtos alimentares e de consumo. Os ecossistemas de água doce podem ser divididos em ecossistemas lênticos ou águas paradas e ecossistemas lóticos ou águas correntes. A estrutura e o funcionamento dos ecossistemas de água doce estão relacionados com os ritmos da variabilidade hidrológica natural e com a presença de bacias hidrográficas (uma área de terra que separa as massas de água que correm para diferentes rios, bacias ou mares) e zonas de captação.

(uma área onde a água é interceptada pela paisagem natural), da qual fazem parte. As pressões químicas comuns sobre a saúde dos ecossistemas de água doce incluem a poluição por resíduos industriais, esgotos, escoamento de fertilizantes dos relvados urbanos e das terras agrícolas rurais, acidificação, eutrofização e contaminação por cobre (e possivelmente outros metais pesados) e pesticidas. Os ecossistemas de água doce são frequentemente descritos como "activos biológicos que são simultaneamente desproporcionadamente ricos e desproporcionadamente em risco" (Ecological Society of

America, 2003). Estes sistemas requerem fluxos de água e sedimentos naturalmente flutuantes e níveis mais baixos de poluição (proveniente de esgotos, plásticos, resíduos, etc.) para fornecer os bens e serviços essenciais de que dependem as sociedades e os ecossistemas.

3.4: Crise da água

3.4.1: Necessidade de água

A água é essencial para toda a vida na Terra. Precisamos de água como componente básica da nossa vida e para o funcionamento do nosso corpo. Sem água, não podemos sobreviver mais do que alguns dias. Existe uma estreita relação entre a água e a vida. A água é essencial para o desenvolvimento socioeconómico global e para a manutenção de ecossistemas saudáveis e produtivos. O nosso corpo precisa de água para funcionar de forma óptima e nós também precisamos de água para manter um padrão básico de higiene pessoal e doméstica suficiente para manter a saúde. A água, o saneamento e a saúde estão intimamente ligados e não podem ser separados. Precisamos de água para cultivar os nossos alimentos, produzir a nossa energia e fazer funcionar a nossa indústria. O consumo de água para as necessidades e serviços domésticos básicos é relativamente pequeno em comparação com a quantidade total de água utilizada na indústria, na exploração mineira e no abastecimento de energia.

Figura 3.7: Utilizações básicas da água

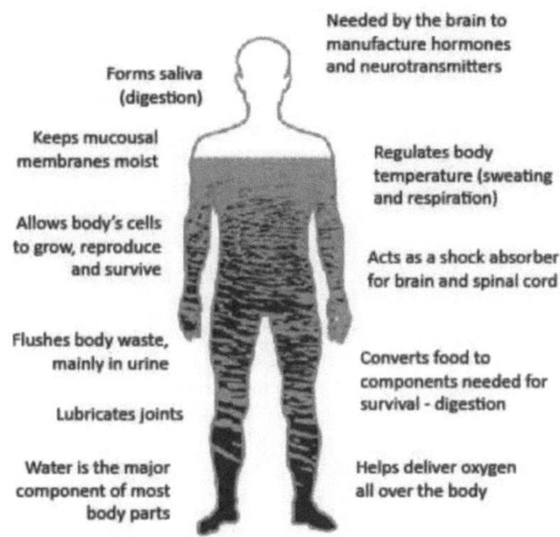

Figura 3.8: A importância da água para o corpo humano.

3.3.1: Qualidade da água

Cada componente do ciclo da água (precipitação, escoamento superficial, armazenamento e evaporação das águas superficiais e subterrâneas) pode alterar a qualidade de uma massa de água. Por exemplo, a precipitação sob a forma de chuva ou neve pode transportar poluentes atmosféricos para a superfície da terra. O escoamento de águas superficiais pode causar erosão e transportar sedimentos e poluentes. A recarga das águas subterrâneas pode lixiviar substâncias químicas para os aquíferos e a evaporação pode aumentar a concentração de poluentes nas massas de água, reduzindo o volume total de água armazenada. Cada componente natural do ciclo da água pode, portanto, ter um impacto negativo na qualidade das águas superficiais e subterrâneas se não gerirmos corretamente os nossos resíduos, transportes e processos agrícolas e industriais.

Os seres humanos também têm uma enorme influência na qualidade da água. Ao consumirmos recursos, sobrecarregamos o ambiente e podemos perturbar os processos naturais, destruindo ecossistemas e causando poluição.

O rápido crescimento da população mundial de mais de sete (7) mil milhões de pessoas e a procura associada de recursos e espaço, bem como o aumento da produção de resíduos, estão a contribuir para a deterioração dos recursos hídricos existentes.

3.3.2: Poluição da água

A poluição da água pode ocorrer naturalmente ou como resultado da atividade humana. A água é considerada poluída quando se torna inutilizável para um determinado fim. Os processos naturais, como as reacções químicas entre as rochas e a água, a erosão e a sedimentação pela água corrente, a infiltração das águas superficiais nos aquíferos e o tempo de residência da água armazenada nos rios, lagos, zonas húmidas e aquíferos podem causar ou aumentar a poluição. Em alguns locais, a água é naturalmente de tão má qualidade que as plantas e os animais não conseguem sobreviver. Infelizmente, as actividades humanas conduziram a uma grave poluição da água em muitos locais do mundo, por exemplo, em rios, lagos e estuários. Os principais poluentes destas águas deterioradas incluem quantidades excessivas de nutrientes, metais (especialmente mercúrio), sedimentos e enriquecimento orgânico. Estes poluentes têm origem principalmente nas águas residuais das zonas urbanas e dos terrenos agrícolas. Em geral, a qualidade da água divide-se em quatro ou cinco categorias: A a D, sendo A a qualidade mais elevada. O sistema de classificação de cinco letras, que reflecte a utilização real ou a melhor utilização prevista de uma massa de água, é o seguinte: O objetivo destas classificações é alertar o público para actividades de utilização da água adequadas e seguras, com base na qualidade da água dos rios, ribeiros e lagos locais.

De onde vem a poluição e como é transportada para os rios, lagos, zonas húmidas e estuários? As fontes de poluição dividem-se em duas categorias: **Fontes pontuais e fontes não pontuais.**

- **A poluição de fonte pontual é** geralmente definida como a poluição que vaza através de um tubo ou de outro local discreto e identificável. A poluição de origem pontual é relativamente fácil de quantificar e o seu impacto pode ser avaliado diretamente.

- **A poluição de fontes difusas, que são** muito difíceis de identificar e quantificar, **não é** causada **por fontes pontuais.** Os poluentes de fontes difusas entram nos rios, lagos e outras massas de águas residuais através de movimentos das águas superficiais e subterrâneas e mesmo através da precipitação da atmosfera.

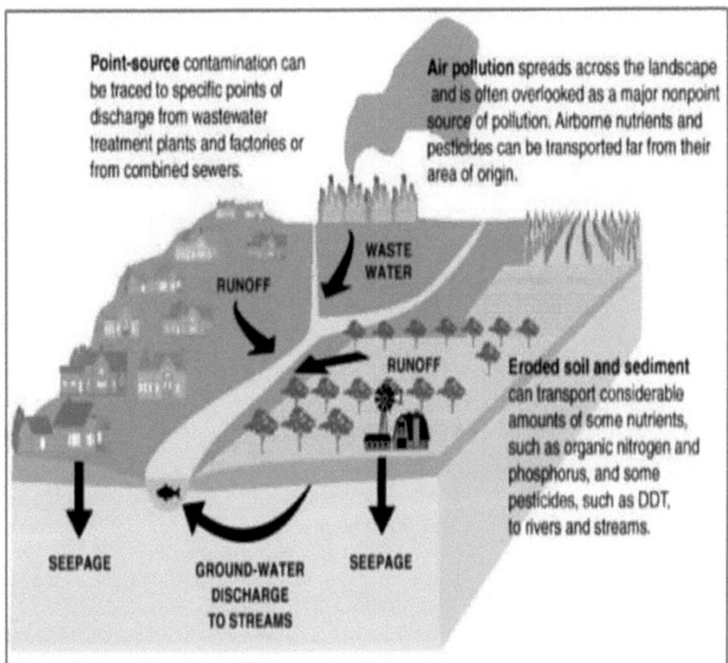

A poluição de fontes pontuais e não pontuais é devida às actividades humanas. É importante distinguir estas actividades da degradação natural da qualidade da água, por vezes referida como poluição de fundo ou contaminação natural. A degradação natural da qualidade da água pode ser causada por reacções químicas entre a água e os metais e minerais, pela erosão natural, pelos detritos florestais, pela migração natural de sais e por outros processos normais do ciclo da água.

Exemplos de poluição de fonte pontual podem ser

- fábricas e estações de tratamento de águas residuais;
- Aterros sanitários;
- Minas abandonadas; e
- Tanques de armazenamento subterrâneos e acima do solo.
- Exemplos de poluição de fonte não pontual podem ser
- Relvados, jardins e campos de golfe;

- Práticas agrícolas;
- Lixo de rua;
- Trabalhos de construção;
- Escoamento de águas pluviais; e
- Trabalhos de dragagem.

3.4.4: Eutrofização

A eutrofização ocorre quando uma massa de água é enriquecida com um excesso de nutrientes. As massas de água eutróficas caracterizam-se por um menor número de espécies de plantas aquáticas, o que se deve ao predomínio das algas. Um lago eutrófico contém uma grande quantidade de algas, mas pouco mais. Esta condição é causada por um excesso de nutrientes na água, que fornecem alimento para as algas e outras plantas aquáticas que crescem excessivamente. As águas eutróficas têm uma grande necessidade de oxigénio dissolvido. A matéria orgânica, especialmente os nutrientes como o fósforo e os nitratos, faz com que os micróbios que os decompõem consumam o oxigénio da água, criando condições anaeróbias. Embora a eutrofização seja um processo natural, é acelerado pelas actividades humanas que introduzem nutrientes em excesso numa massa de água. Um objetivo importante da gestão da água é reduzir ou mitigar a eutrofização.

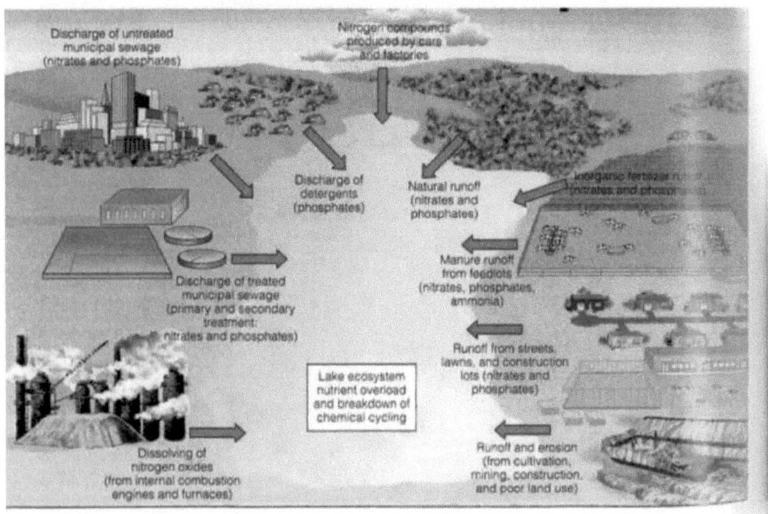

Figura 3.10: Pontos de origem que causam eutrofização.

3.4.5: Escassez de água

A escassez de água significa um desequilíbrio entre a disponibilidade de água e a procura. A escassez de água pode resultar quer da escassez física da água (recursos naturais insuficientes), quer da escassez económica da água (em resultado de uma má gestão dos recursos hídricos disponíveis), quer de ambas. Os sintomas da escassez de água incluem a degradação ambiental e a diminuição dos níveis das águas subterrâneas. A resolução do problema da escassez de água exige acções a nível local, nacional e das bacias hidrográficas e pode exigir uma cooperação transfronteiras. As alterações climáticas estão a ter um impacto crescente no abastecimento de água em muitas regiões. Na África do Sul, um país com escassez de água, tal como em muitos outros países, a precipitação que normalmente reabastece os reservatórios naturais de água pode variar. Em muitos locais, já se regista uma considerável escassez de água. Nas regiões áridas e semi-áridas, a escassez de água é o resultado da falta de água combinada com o crescimento demográfico e o desenvolvimento económico. Deve também notar-se que a precipitação pouco fiável, a procura por parte da agricultura e da indústria, o

Este facto conduziu a problemas de abastecimento de água que não podem ser completamente resolvidos através da construção de grandes barragens.

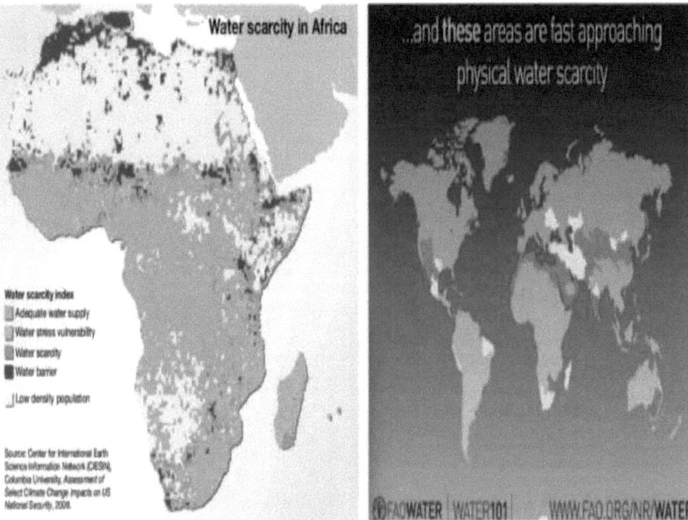

Figura 3.11: Escassez de água em África

3.4.6: Proteção da água

É preciso compreender a importância da água como recurso de sobrevivência para entender as razões da conservação da água. A conservação da água tornou-se uma necessidade e uma prática essencial em todas as regiões do mundo, mesmo nas regiões onde os recursos hídricos são abundantes. Em termos simples, a conservação da água significa utilizar a água de forma responsável, usar menos água, gerir as actividades humanas de modo a que não tenham um impacto negativo na qualidade da água e reciclar a água para que possa ser reutilizada. Existem várias formas de reduzir o consumo diário de água em casa e no ambiente:
- Verificar se há fugas nas fontes de água e repará-las, se necessário;
- Tomar um duche em vez de um banho e tomar duches mais curtos;
- Desligue a água quando estiver a escovar os dentes;
- Enxaguar as lâminas de barbear num lavatório em vez de as enxaguar sempre com água limpa;
- Evite lavar pequenas quantidades de roupa na máquina de lavar roupa ou loiça na máquina de lavar louça;
- Evite regar as plantas de exterior durante as horas mais quentes do dia, quando o sol está mais forte;

- Escolher fertilizantes, pesticidas e produtos químicos domésticos amigos do ambiente; e
- Eliminar os resíduos líquidos e sólidos de forma responsável e evitar deitar químicos, óleos ou outros poluentes pelo cano abaixo.

A poupança de água não é apenas uma necessidade vital, mas também permite poupar dinheiro em

Contas de serviços públicos.

Figura 3.12: Como poupar água.

3.5: Alterações climáticas e seu impacto nos recursos hídricos

A variabilidade climática e as alterações climáticas são um fenómeno que já não podemos ignorar, uma vez que os seus efeitos são cada vez mais evidentes e extremos em todo o mundo. As alterações climáticas estão a ter um impacto cada vez mais negativo nos recursos hídricos. Com o aumento das temperaturas, a evaporação também aumenta, pelo que podemos esperar impactos significativos nos nossos recursos de água doce e nas secas.

O aumento das temperaturas está também a contribuir para o degelo dos glaciares. As alterações climáticas continuarão a afetar os recursos hídricos através do seu impacto na quantidade, variabilidade, calendário, forma e intensidade da precipitação, embora ainda não se compreendam totalmente os processos subjacentes. Nalgumas zonas, prevê-se que a precipitação aumente em consequência das alterações climáticas, o que pode provocar inundações e tempestades extremas. Noutras zonas, prevê-se que a precipitação diminua, dando origem a secas. Na África do Sul, as alterações climáticas conduzirão muito provavelmente a temperaturas mais elevadas e a um aumento tanto da frequência como da intensidade da precipitação. Isto significa que a África do Sul poderá não ser capaz de colher os potenciais benefícios de um aumento da precipitação, uma vez que esta assumirá a forma de inundações.

As alterações climáticas estão a ter um impacto nos recursos hídricos:

* Aumento das taxas de evaporação;
* Maior percentagem de precipitação sob a forma de chuva em vez de neve;
* Períodos de drenagem mais precoces e mais curtos;
* Temperaturas elevadas;
* Deterioração da qualidade da água (zonas interiores e costeiras); e
* Consequências físicas e económicas.

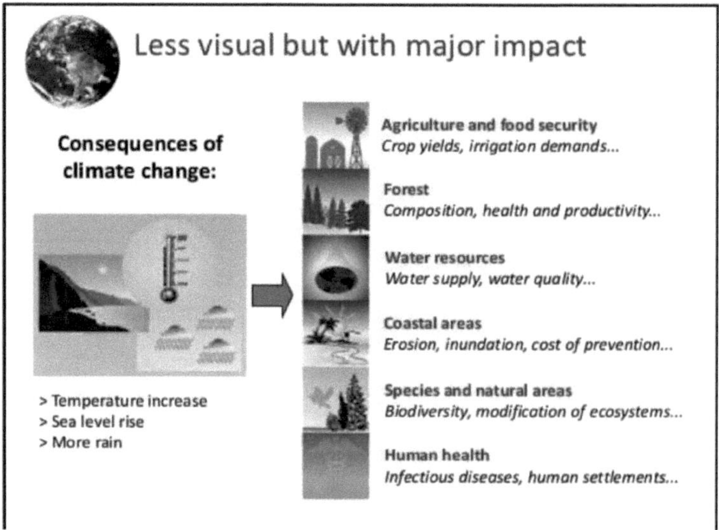

Figura 3.13: Consequências das alterações climáticas.

3.6: Água transfronteiriça

As tensões sobre os recursos de água doce transfronteiriços podem surgir da pressão sobre os recursos hídricos devido à escassez de água, ao crescimento da população, à produção agrícola, ao desenvolvimento industrial, ao aumento da procura e da utilização, ao aumento da poluição e à variabilidade da precipitação associada às alterações climáticas globais. Os conflitos podem surgir entre países ou dentro de cada país, entre grupos de utilizadores sectoriais concorrentes ou entre agências governamentais sectoriais dentro de cada país. Embora a utilização da água seja frequentemente vista como uma fonte de conflito, a gestão da água pode ser encarada como um instrumento de cooperação entre países ou grupos de utilizadores. A necessidade de abordagens reconhecidamente sustentáveis para melhorar a cooperação internacional na gestão das águas transfronteiriças deve, por conseguinte, ser cuidadosamente identificada, implementada e monitorizada. Os factores que devem ser considerados na gestão dos recursos hídricos transfronteiriços incluem as condições sociais, políticas, económicas, culturais e fisiográficas dos países que partilham a massa de água.

3.7: O conceito de privatização da água

Os recursos hídricos são um bem comum, gerido principalmente por organizações públicas, como as autarquias locais. A água é um recurso vital e o sector público há muito que é responsável pela sua conservação. O conceito em evolução de privatização da água implica o envolvimento do sector privado na prestação de serviços de água. A privatização da água oferece ao sector privado a oportunidade de controlar a manutenção dos sistemas e recursos hídricos. Por exemplo, uma empresa privada poderia trabalhar com o município local para manter uma estação de tratamento de água ou uma estação de tratamento de águas residuais. Na privatização da água, o governo pode vender direitos variáveis sobre os recursos hídricos, de 100% a 51% ou uma parte ou percentagem menor, desde que o sector privado tenha o controlo da gestão. Há muitos pontos de vista opostos sobre a privatização da água. Enquanto alguns acreditam que o sector privado pode melhorar a qualidade e a disponibilidade da água, outros acreditam que a privatização é um negócio normal e pode levar a uma escassez ainda maior de recursos vitais para as camadas mais marginalizadas da sociedade, que podem não ter capacidade para pagar. O sector público, tanto na África do Sul como a nível mundial, tomou consciência do envolvimento de empresas privadas e da motivação para o lucro, em detrimento dos custos ambientais e a longo prazo das práticas privadas no domínio da água.

Referências

- Kundzewicz, Z. W. e Mata, L. J. (sem data) Capítulo 3: Recursos de água doce e sua gestão.
- Nações Unidas (ONU). (sem data) Freshwater Country Profile, África do Sul.
- Conley, A. H. e van Niekerk, P. H. (2000) Sustainable management of international waters: The case of the Orange River. Water Policy, 2: 131-149 Department of Water Affairs and Forestry, África do Sul.
- Marshall, S. J. (2014) O ciclo da água. Elsevier Inc. Canadá.
- Abrams, L. (2001) Water for basic needs. Encomendado pela Organização Mundial de Saúde como contribuição para o primeiro Relatório Mundial sobre o Desenvolvimento da Água.
- Sociedade Ecológica da América (ESA). (2003) Sustaining Healthy Freshwater Ecosystems. Issues in Ecology, 10ª ed.
- Pacific Institute e Impacto Global das Nações Unidas. (2009) Climate Change and the Global Water Crisis: What Businesses Need to Know and Do (Alterações Climáticas e a Crise Mundial da Água: O que as Empresas Precisam de Saber e Fazer), Pacific Institute e United Nations Global Impact.
- Hedden, S. e Cilliers, J. (2014) Parched prospects: The emerging water crisis in South Africa. African Future Paper, 11.
- Anderson, B., Romani, J., Wentzel, M., e Phillips, H. (2010) Relatório de investigação: Awareness of water pollution as a problem and the decision to treat drinking water

in rural African households with unsafe drinking water: South Africa 2005. Relatório 10: 107. Populations Studies Centre, Universidade de Michigan, Instituto de Investigação Social.
- ONU-Água. (2007) Enfrentar a escassez de água: desafio do século XXI. Dia Mundial da Água 2007.
- Painel Intergovernamental sobre as Alterações Climáticas (IPCC). (sem data) Secção 3: Ligações entre as alterações climáticas e os recursos hídricos: impactes e respostas.
- Uitto, J. I. e Duda, A. M. (2002) Managing transboundary water resources: lessons from international co-operation for conflict prevention. The Geographical Journal, 168, 4: 365 - 378
- Ashton, P. J. (2002) Avoiding conflict over Africa's water resources. AMBIO: A Journal of the Human Environment, 31: 236-242
- Ashton, P. J. (2007) Riverine biodiversity conservation in South Africa: current situation and future prospects. Aquatic Conservation: Marine and Freshwater Ecosystems, 17: 441- 445
- Thomas V. C. (2003) Principles of Water Resources: History, Development, Management, and Policy, Capítulos 1 e 2.
- http://www.africanwater.org/basic_needs.htm
- https://en.wikipedia.org/wiki/Water_resources
- http://ww2010.atmos.uiuc.edu/(Gh)/guias/mtr/hyd/smry.rxml
- http://www.un.org/ waterforlifedecade/quality.shtml
- http://www.nrdc.org/water/
- http://www.nature.com/scitable/knowledge/library/eutrophication- causes-consequences-and-controls-in-aquatic-102364466
- http://www.explainthatstuff.com/waterpollution.html
- http://www.worldwildlife.org/threats/water-scarcity
- http:// thewaterproject.org/water_scarcity
- http://eartheasy.com/live_water_saving.ht
  http://environment.nationalgeographic.com/environment/freshwater/ dicas para poupar água /
- http://www.ipcc.ch/pdf/technical-papers/ccw/chapter3.pdf
- http://www.climate.org/topics/water.html
- http://www.choicesmagazine.org/2008-1/theme/2008-1-04.htm
- http://www.isustainableearth.com/water-conservation/5-reasons-why- poupar-água-é-importante-para-a-sua-família
- http://www.thewaterpage.com/important-water.htm
- http://www.unwater.org/topics/transboundary-waters/en/
- http://www.saflii.org/za/journals/LDD/2004/11.pdf
- https://en.wikipedia.org/wiki/Water_privatization
- https://en.wikipedia.org/wiki/International_waters
- http://www.thewaterpage.com/internationalwater.htm

CAPÍTULO 4:

DEGRADAÇÃO DOS RECURSOS MARINHOS E RECURSOS COSTEIROS

4.1: Introdução

Este capítulo proporciona aos alunos uma compreensão geral dos diversos, ricos e valiosos recursos costeiros e marinhos dos oceanos. O capítulo apresenta as diferentes formas como os seres humanos utilizam e interagem com os recursos costeiros e marinhos, por exemplo, para fins turísticos e recreativos, como fonte de alimentação, para transporte e produção industrial, ou para fins culturais e estéticos. São também examinados os sistemas de gestão adequados para a utilização dos recursos marinhos e costeiros.

As subsecções deste capítulo fornecem informações gerais sobre os recursos costeiros e marinhos, os organismos costeiros e do largo, os ecossistemas e os recifes de coral, e explicam como as zonas costeiras podem ser utilizadas como ambientes atractivos para os turistas. A subsecção 2 aborda o turismo costeiro e o lazer, a importância económica do turismo costeiro, os benefícios do turismo responsável para as comunidades costeiras, as consequências do turismo de massas, como o impacto negativo no ambiente, e o turismo responsável, como o turismo suave e o ecoturismo. A subsecção 3 centra-se na utilização dos recursos marinhos, na pesca comercial, na importância da pesca costeira e nos impactos negativos associados à pesca, ao passo que a subsecção apresenta uma panorâmica da gestão dos recursos costeiros e marinhos, das avaliações de impacto ambiental (AIA), das zonas marinhas protegidas (AMP) e das zonas de conservação marinha (ZCM).

4.2: Recursos costeiros e marinhos

Os oceanos podem ser descritos como talvez o mais importante sistema de suporte de vida na Terra. Cobrindo mais de 70% da superfície da Terra, regulam o nosso clima, absorvem resíduos, reciclam nutrientes, actuam como sumidouro de dióxido de carbono e fornecem alimentos, transportes e produção de energia em abundância. Além disso, os oceanos contribuem para a nossa saúde e bem-estar através do lazer e do turismo. O ambiente marinho e costeiro contém diversos habitats que albergam uma grande biodiversidade, como os mangais, os recifes de coral de águas pouco profundas e profundas, as pradarias de ervas marinhas, os estuários costeiros, os montes submarinos e o mar alto. A saúde e o bom funcionamento destes ecossistemas estão estreitamente interligados e a sua gestão exige uma abordagem ecossistémica integrada que reconheça estas relações. Os bens e serviços directos e indirectos fornecidos pelos oceanos e pelas costas incluem Pescas (para a produção de alimentos), navegação e transporte, turismo e recreio, marismas e aquacultura, mineração e minerais, produção de energia, ciclagem de nutrientes, amortecedores climáticos (para regular o clima da Terra) e produção de oxigénio (removendo o dióxido de carbono da atmosfera, que por sua vez fornece oxigénio a todos os organismos vivos). Os recursos costeiros e marinhos incluem recursos vivos e não vivos. Os recursos costeiros e marinhos não vivos incluem o ambiente físico, enquanto os recursos marinhos vivos incluem os mamíferos marinhos, as aves, os répteis, os peixes, os mariscos, as plantas, os corais e outros organismos.

A África do Sul é rica em recursos marinhos e costeiros. Esta riqueza natural proporciona importantes oportunidades económicas e sociais à nossa população, por exemplo, nas áreas da alimentação, recreio, transportes e criação de emprego. A corrente quente das Agulhas, na costa leste, e a corrente fria de Benguela, na costa oeste, determinam diferentes padrões climáticos e criam ambientes muito diferentes em terra. O resultado destes dois sistemas de correntes distintos é uma linha costeira complexa e dinâmica abençoada com uma rica diversidade de recursos marinhos vivos, incluindo comunidades de corais duros e moles e uma variedade de organismos pelágicos e bentónicos, invertebrados e concentrações de algas.

4.3: Organismos marinhos costeiros e do mar e recifes de coral

Os organismos marinhos próximos da costa são os que vivem em águas costeiras pouco profundas, perto da costa, enquanto os organismos marinhos ao largo se encontram em águas mais profundas, em alto mar. A definição de águas próximas da costa e águas ao largo pode variar de país para país. Alguns países definem as águas próximas da costa como as que se encontram a menos de 20 milhas náuticas da costa e as águas ao largo como as que se encontram a mais de 20 milhas náuticas da costa. Os organismos marinhos ao largo e próximos da costa não se excluem mutuamente, uma vez que não existem fronteiras fixas entre as regiões costeiras e marinhas e muitos organismos migram entre as águas costeiras e marinhas em diferentes fases do seu ciclo de vida. A extração de recursos marinhos ao largo requer embarcações e equipamento especializado para localizar e colher os recursos. Os recursos marinhos próximos da costa são acessíveis a um maior número de grupos de utilizadores, incluindo os pescadores tradicionais à linha, os pescadores recreativos, os arrastões e os palangreiros. Tanto os recursos marinhos costeiros como os do largo são afectados pela exploração dos recursos. Os recifes de coral encontram-se principalmente nas regiões tropicais e subtropicais. Embora existam também corais de águas profundas, os recifes de coral formam-se geralmente perto da superfície, em águas pouco profundas e limpas que podem ser alcançadas pelo sol. Os recifes de coral parecem rochas, mas na realidade são comunidades de organismos vivos complexos que podem ter diferentes formas e estruturas coloridas. Os pólipos de coral são organismos minúsculos com corpos moles. Na sua base encontra-se um esqueleto calcário duro e protetor que forma a estrutura do recife de coral. Os minúsculos animais coralinos individuais constroem lentamente colónias de recifes de coral, crescendo, dividindo-se e reproduzindo-se. Tal como os estuários e os mangais, os recifes de coral são essenciais para a saúde de muitas unidades populacionais de peixes comercialmente importantes. Proporcionam habitats seguros para as crias de muitos animais e plantas. Tal como os mangais, os recifes de coral também são importantes porque protegem as ilhas da erosão e das tempestades, actuando como barreiras naturais. Os recifes de coral também removem o dióxido de carbono da atmosfera através do processo de fotossíntese e fornecem hidratos de carbono como alimento para os pólipos de coral e outros organismos ou espécies. No entanto, quantidades excessivas de dióxido de carbono podem ter um impacto negativo na saúde dos recifes de coral. Embora os recifes de coral se encontrem entre os ecossistemas mais produtivos e diversificados da Terra e forneçam bens e serviços importantes a muitas comunidades costeiras, a sua existência está cada vez mais ameaçada, tanto pelas actividades humanas locais como pelos processos globais. Os impactos das actividades locais incluem a poluição marinha, os danos causados por métodos de pesca destrutivos ou pelo turismo e a sobrepesca de espécies marinhas, ao passo que os impactos dos processos globais incluem a acidificação dos oceanos, as flutuações da temperatura da água e as tempestades severas devidas às alterações climáticas. Estes impactos podem causar danos significativos aos recifes de coral, por exemplo, o aquecimento dos mares pode levar ao branqueamento dos corais e a poluição pode causar doenças e a morte dos corais. A Grande Barreira de Coral, ao largo da costa da Austrália, é o maior recife de coral do mundo e estende-se por mais de 2300 quilómetros. Esta barreira de coral está a mostrar sinais crescentes de estar ameaçada por actividades humanas como a poluição terrestre e os processos globais.

4.4: As zonas costeiras como um ambiente atrativo para os turistas

As zonas costeiras são áreas situadas entre a terra e o mar e caracterizam-se pelos ecossistemas mais ricos, dinâmicos e frágeis do planeta, como os recifes de coral, as pradarias de ervas marinhas e os mangais. As zonas costeiras são um ambiente atrativo para muitas pessoas, especialmente para os turistas. Uma grande percentagem da população mundial vive em zonas costeiras e cada vez mais pessoas estão interessadas em viver em zonas costeiras. De todas as partes do mundo, as zonas costeiras são as mais visitadas pelos turistas, especialmente os Estados insulares. Os ecossistemas costeiros são extremamente atractivos e oferecem uma grande variedade de actividades turísticas centradas no "sol, mar e areia". Estas actividades vão desde os banhos de sol na praia, a natação, o mergulho e o snorkelling a vários tipos de passeios de barco, a pesca recreativa e desportiva, o surf, o kitesurf, as ecoturismo marinho, o turismo cultural e patrimonial e muitas outras. A maior parte destas actividades turísticas depende em grande medida do bom funcionamento do ambiente marinho e costeiro e do bem-estar dos habitantes do litoral. Os destinos turísticos costeiros contribuem significativamente para as economias de muitos países, mas estão também sujeitos a uma pressão crescente. O turismo nas zonas costeiras torna-se problemático quando o número de grupos de utilizadores provoca mais alterações do que as que o ambiente pode suportar e o impacto das actividades excede, assim, os limites aceitáveis de alteração. O

Os impactos ambientais de desenvolvimentos e actividades turísticos inadequados são particularmente problemáticos e podem ter consequências irreversíveis. Estes impactos incluem a urbanização, a sobre-exploração dos recursos, a erosão e a degradação costeiras, a deterioração da qualidade da água, o aumento dos níveis de poluição, a desflorestação e a destruição dos recifes de coral, dos mangais e das pradarias de ervas marinhas. Muitos destes factores reduzem a capacidade de resistência dos ecossistemas e aumentam a sua vulnerabilidade aos efeitos das alterações climáticas.

4.5: Turismo costeiro

4.5.1: Importância económica do turismo costeiro

O turismo é um motor de crescimento económico e dá um contributo importante para as economias locais, nacionais e internacionais. Se for gerido de forma responsável, o turismo pode ajudar a diversificar a economia, especialmente em países onde outras actividades geradoras de rendimentos podem ser limitadas. O turismo cria oportunidades de emprego para homens e mulheres, e as oportunidades no sector do turismo continuam a aumentar. O turismo também aumenta as receitas em divisas das regiões, o que beneficia o desenvolvimento económico. O turismo contribui significativamente para o produto interno bruto (PIB), especialmente em países com regiões costeiras atractivas. O turismo oferece, portanto, oportunidades de crescimento económico, mas é, sem dúvida, um dos factores mais importantes que contribuem para o desenvolvimento das zonas costeiras.

4.5.2: O que é que isto significa para as comunidades costeiras?

Os habitantes das zonas costeiras estão intimamente ligados ao seu ambiente, que lhes proporciona um meio de subsistência e um rendimento. O turismo costeiro pode beneficiar as comunidades locais de muitas formas. Cria oportunidades de emprego através do trabalho em hotéis, restaurantes, agências de viagens, operadores turísticos, etc. e pode estimular o crescimento económico através do turismo cultural e patrimonial. Assim, um aumento dos fluxos turísticos pode conduzir a mais oportunidades para as comunidades locais. O turismo também oferece oportunidades de desenvolvimento e de infra-estruturas e, se for planeado de forma responsável, também pode beneficiar as comunidades locais através da melhoria do desenvolvimento, das infra-estruturas e dos serviços.

O turismo costeiro não só impulsiona a economia local e contribui para o PIB global, como também cria oportunidades para o turismo de base comunitária que permite aos turistas interagir com os habitantes locais. O turismo de base comunitária também permite às comunidades locais gerir e beneficiar diretamente das ofertas turísticas.

4.5.3: As consequências do turismo de massas - efeitos negativos no ambiente

Se o turismo não for planeado e gerido de forma responsável, pode ter um impacto devastador no ambiente natural e nas comunidades locais e levar a um desenvolvimento inadequado das zonas costeiras. Os projectos turísticos estão frequentemente localizados em ecossistemas marinhos sensíveis ou na sua proximidade. A concentração espacial e temporal das actividades turísticas também pode ter um impacto importante no ambiente a longo prazo. Com o aumento do número de turistas, aumenta também o número de empreendimentos costeiros e de actividades turísticas. Um desenvolvimento costeiro mal planeado pode ter consequências negativas para o ambiente, que são ainda mais aceleradas pelo aumento das actividades humanas nas regiões costeiras. O turismo costeiro também contribui para a deterioração da qualidade do litoral através da erosão, que leva à sedimentação dos rios, ribeiros e costas marítimas. O desenvolvimento das zonas costeiras também contribuiu para a desflorestação da vegetação costeira através do corte e abate de árvores para construção, lenha ou construção de barcos. Um afluxo significativo de turistas pode ter um enorme impacto, uma vez que aumenta a poluição e os resíduos, sobrecarrega as necessidades de água da população local e aumenta a pressão sobre os habitats. O desenvolvimento do turismo pode, por conseguinte, reduzir a disponibilidade de recursos locais, como a energia, os alimentos, a terra e a água, pelo que deve ser gerido em conformidade. Os impactos socioculturais do desenvolvimento do turismo podem incluir a destruição do património cultural, a introdução de substâncias e actividades ilegais, doenças e alterações na identidade e nos valores locais. A comercialização das tradições culturais locais pode levar à reconstrução da etnicidade e à erosão cultural.

4.5.4: Turismo alternativo - turismo suave, ecoturismo

O ecoturismo é muitas vezes referido como um turismo amigo do ambiente ou responsável. A União Internacional para a Conservação da Natureza (UICN) define o ecoturismo como "viagens ambientalmente conscientes a áreas naturais para desfrutar e apreciar a natureza (e as características culturais associadas, tanto do passado como do presente) que promovem a conservação, têm um impacto reduzido nos visitantes e proporcionam uma participação socioeconómica ativa e benéfica da população local". O ecoturismo centra-se na ligação entre a conservação, as comunidades e as viagens responsáveis e sustentáveis. O ecoturismo constitui uma alternativa viável de desenvolvimento económico para as comunidades locais que têm poucas outras oportunidades de rendimento e pode aumentar o nível de educação e de ativismo dos viajantes, para que estes se envolvam na conservação com entusiasmo e eficiência.

4.5.5: Actividades de turismo e lazer no litoral

Existe uma grande variedade de actividades costeiras de turismo e lazer que se realizam nas águas costeiras. Estas actividades costeiras podem ser classificadas em termos gerais como desportos náuticos, desportos aquáticos e desportos subaquáticos. Os desportos subaquáticos incluem a natação, o snorkelling, o mergulho, etc. Os desportos aquáticos incluem a navegação, o jet ski, o caiaque, o surf, o kiteboarding, etc. Os desportos subaquáticos incluem o mergulho com escafandro, o mergulho livre e a caça submarina. Embora os desportos aquáticos, como o mergulho e a prática de snorkelling nos recifes de coral, sejam actividades recreativas apreciadas por muitos utilizadores costeiros, os mergulhadores e os praticantes de snorkelling podem danificar os recifes ao pisar ou permanecer sobre os corais. Os jet skis também representam um perigo e podem colidir com a vida marinha e afugentar os animais. A pesca também apresenta riscos e pode eliminar grandes peixes predadores, que são essenciais para manter os oceanos saudáveis.

4.6: Pesca

4.6.1: Pesca comercial

A pesca comercial é muitas vezes referida como o sector formal da pesca ou como pesca com fins lucrativos. A pesca comercial pode variar entre a pesca relativamente artesanal e a pesca altamente industrializada. A pesca comercial abastece países de todo o mundo com grandes quantidades de alimentos através de importações e exportações. As principais unidades populacionais de peixes exploradas comercialmente incluem: Pescada, linguado, peixe-pedra, atum, bacalhau, carpa, salmão, sardinhas, anchovas, lagostas, ostras, camarões, krill, amêijoas, lulas, caranguejos e muitas outras espécies. A pesca comercial utiliza uma grande variedade de métodos e artes de pesca, como a pesca com rede de cerco, a pesca à linha e a pesca de arrasto. Alguns métodos de pesca são mais prejudiciais para o ambiente do que outros, por exemplo, o arrasto pelo fundo e o palangre, ambos com elevadas capturas acessórias (captura não intencional de espécies não-alvo, como tartarugas marinhas, aves marinhas e mamíferos marinhos). Estão a ser desenvolvidos esforços para desenvolver técnicas de pesca alternativas que minimizem o impacto nos ecossistemas e nas espécies marinhas.

4.6.2: Pesca costeira

Para além da segurança alimentar, a pesca costeira proporciona uma série de outros valores e benefícios sociais e culturais, especialmente para as comunidades costeiras. A pesca costeira é importante por algumas das seguintes razões uma grande percentagem da pesca mundial é artesanal ou de pequena escala e tem lugar nas águas costeiras, a pesca costeira cria uma variedade de meios de subsistência interdependentes e proporciona emprego indireto significativo (contribuindo para as economias locais, a segurança alimentar e a identidade social e cultural das comunidades costeiras) as pescas fornecem alimentos e proteínas às comunidades costeiras e à população global no seu conjunto, o sector das pescas proporciona emprego à maioria dos pescadores em pequena escala, o sector das pescas proporciona emprego à maioria dos pescadores em pequena escala, as pescas costeiras dão um contributo importante para o rendimento monetário das famílias, os benefícios sociais e culturais incluem os benefícios para as comunidades costeiras mais vastas, por exemplo, a disponibilização de fundos para organizações comunitárias, o fornecimento de alimentos e proteínas às comunidades costeiras, o fornecimento de alimentos e proteínas às comunidades costeiras, o fornecimento de alimentos e proteínas às comunidades costeiras, o fornecimento de alimentos e proteínas às comunidades costeiras, o fornecimento de alimentos e proteínas às comunidades costeiras, o fornecimento de alimentos e proteínas às comunidades costeiras, o fornecimento de alimentos e proteínas às comunidades costeiras. A pesca é também uma atividade social que reforça os laços entre as pessoas e a coesão da comunidade, e as pessoas utilizam frequentemente os recursos naturais quando as oportunidades de subsistência são limitadas, caso em que a pesca pode funcionar como uma "rede de segurança" para os pobres e vulneráveis. A pesca costeira exige um sistema de gestão diferente devido à sua diversidade, importância local e estreita ligação à identidade e aos recursos locais.

4.6.3: Efeitos negativos
O sector das pescas é confrontado com numerosos impactos negativos. Um dos desafios mais importantes é a sustentabilidade, uma vez que é importante que os benefícios da pesca se mantenham no futuro.
A pesca, tal como outras actividades humanas, pode ter um impacto nos ecossistemas marinhos. A sobrepesca e os métodos de pesca destrutivos podem alterar os ecossistemas e causar mudanças na composição e diversidade das espécies vegetais e animais. Se forem corretamente geridos, estes impactos podem ser reversíveis, caso contrário podem causar danos irreversíveis e afetar permanentemente a saúde dos ecossistemas marinhos. O sector das pescas também contribui para a poluição, tanto direta como indiretamente, através dos resíduos sólidos e orgânicos.

4.7: Quadro jurídico para a gestão marinha e costeira
Existem quadros políticos e jurídicos a nível nacional, provincial e local (distrital e municipal) para proteger os recursos marinhos e costeiros. As duas políticas globais que regem a gestão costeira e marinha na África do Sul são o Livro Branco sobre o Desenvolvimento Costeiro Sustentável na África do Sul e o Livro Branco sobre a Gestão Ambiental dos Oceanos Nacionais (NEMO). A lei nacional que permite a execução da política costeira é a Lei de Gestão Ambiental Nacional: Gestão Costeira Integrada n.º 24 de 2008 (NEM:ICMA). Este quadro jurídico é de âmbito nacional e é transposto para os quadros jurídicos provinciais e locais através do requisito de desenvolver planos de gestão costeira. O objetivo subjacente à ICMA é explicado na primeira secção da Lei e documentado a seguir:

"estabelecer um sistema de gestão costeira e estuarina integrada na República, incluindo normas, padrões e políticas para promover a conservação do ambiente costeiro e preservar as características naturais das paisagens costeiras e marinhas e para assegurar que o desenvolvimento e a utilização dos recursos naturais na zona costeira sejam social e economicamente viáveis e ambientalmente sustentáveis; estabelecer direitos e responsabilidades em relação às zonas costeiras determinar as responsabilidades dos órgãos do Estado em relação à zona costeira; proibir as queimadas no mar; controlar as descargas no mar, a poluição da zona costeira, o desenvolvimento inadequado do ambiente costeiro e outros impactos adversos no ambiente costeiro; dar cumprimento às obrigações internacionais da África do Sul em relação às questões costeiras; e regulamentar questões conexas."

O ICMA é a diretriz geral para a implementação e gestão dos recursos marinhos e costeiros, juntamente com outra legislação a nível nacional, provincial e local. Também a nível nacional, existe a Lei dos Recursos Vivos Marinhos (MLRA) n.º 18 de 1998, que constitui a base jurídica para a gestão dos recursos marinhos, incluindo a pesca comercial na África do Sul, e promove a gestão sustentável da pesca comercial nas águas marinhas e costeiras da África do Sul. A MLRA e os regulamentos associados estabelecem tamanhos e limites de captura e impedem que certas espécies sejam objeto de pesca.

4.8: Avaliação do impacto ambiental

As Avaliações de Impacto Ambiental (AIA) são relevantes para a gestão costeira e marinha, particularmente no que diz respeito ao desenvolvimento costeiro, uma vez que constituem um instrumento importante para as partes interessadas assegurarem que as suas costas são desenvolvidas de forma responsável. A avaliação do impacto ambiental é um processo sistemático de avaliação das consequências ambientais prováveis (positivas e negativas) ou dos impactos ambientais potenciais de um plano, política, programa ou projeto ou desenvolvimento proposto, tendo em conta todos os aspectos ambientais, sociais, económicos e ecológicos. Este instrumento de tomada de decisões é um processo rigoroso e obrigatório. A AIA implica a tomada de decisões com base em avaliações técnicas dos impactos e no envolvimento das partes interessadas e afectadas (I&AP) para determinar a linha de ação mais adequada antes de a ação proposta ser empreendida.

Os componentes básicos do quadro de AIA da África do Sul incluem

* Rastreio - para determinar o nível de pormenor da AIA, ou seja, se é necessária uma AIA simples ou completa;
* Delimitação do âmbito - identificação de potenciais impactos que precisam de ser avaliados e de soluções alternativas para evitar ou atenuar os impactos na biodiversidade, por exemplo, procurando concepções alternativas;
* Avaliação e apreciação dos impactos e desenvolvimento de alternativas - previsão ou identificação de potenciais impactos ambientais e desenvolvimento de alternativas;
* Comunicação através da Declaração de Impacto Ambiental (DIA) ou do Relatório de AIA, que inclui Planos de Gestão Ambiental (PGA) e um resumo não técnico para um público geral;
* Revisão da DIA - com base nos termos de referência da delimitação do âmbito e na participação do público (incluindo a Autoridade); e
* Tomada de decisão - se o projeto deve ou não ser aprovado e se é necessário ter em conta outras condições.

4.8 AMP e ZC

As Áreas Marinhas Protegidas (AMP), as Áreas Marinhas Geridas (AMG) e as Áreas de Conservação Marinha (ACM) são termos que se referem a áreas ou conceitos demarcados para a gestão e/ou proteção de locais especiais nos nossos oceanos, mares e costas. As AMP desempenham um papel importante na conservação dos ecossistemas vulneráveis e da biodiversidade. O principal objetivo destas zonas é a conservação e a gestão sustentável do património natural e cultural. As AMP proporcionam proteção através de vários níveis de restrições, desde restrições totais à pesca, que incluem a proibição de captura, até reservas de pesca limitadas, encerramentos sazonais ou restrições de espécies, que podem limitar actividades como a pesca recreativa e comercial, bem como outras actividades como a exploração mineira e o turismo na zona. As AMP estão a ser criadas cada vez mais para proteger os nossos ecossistemas e habitats e para conservar a diversidade das espécies comercial e ecologicamente importantes. Existem atualmente 24 AMP na África do Sul. Embora as AMP sejam tradicionalmente geridas pelas autoridades estatais, as áreas marinhas geridas localmente são uma abordagem de gestão cada vez mais popular utilizada em alguns países costeiros para capacitar as populações locais a gerir os seus recursos marinhos e costeiros.

Referências

* Arthurton, R. e Koratang, et al. (sem data) Secção 2: Environmental State and Trends: 20 Year Retrospective. Capítulo 5: Ambiente Costeiro e Marinho.
* Evans, J. W. (2008) Coastal and Marine Resources: A Hidden Treasure. Environment Matters, Relatório Anual, julho de 2007 - junho de 2008.
* Organização Meteorológica Mundial (OMM) (2010) Climate, Carbon and Coral Reefs (Clima, Carbono e Recifes de Coral). Organização Meteorológica Mundial (WMO), Suíça.
* União Internacional para a Conservação da Natureza (IUCN). (sem data) The Economic Value of Marine and Coastal biodiversity to the Maldives economy (O valor económico da biodiversidade marinha e costeira para a economia das Maldivas). Projeto de Conservação do Ecossistema dos Atóis (AEC) da IUCN.
* Marzouki, M., Froger, G., e Ballet, J. (2012) Ecoturismo versus Turismo de Massa. Uma comparação dos impactos ambientais com base na Análise da Pegada Ecológica. Sustainability, 4:123 - 140.
* Wood, M. E. (2002) Ecotourism: Principles, Practices & Policies for Sustainability. Programa das Nações Unidas para o Ambiente (PNUA), França.
* Kashorte, M. (2003) Transition from subsistence to commercial fishing in South Africa (Transição da pesca de subsistência para a pesca comercial na África do Sul). Departamento de Economia, Universidade da Islândia.
* Departamento de Assuntos Ambientais e Turismo (DEAT). (2000) People and the Coast: Commercial Activities, Fishing Industry. Gabinete de Gestão Costeira, Gestão Marinha e Costeira, Departamento de Assuntos Ambientais e Turismo (DEAT). África do Sul.
* Pauly, D., Alder, J., Bennet, E., Christensen, V., Tyedmers, P., e Watson, R. (2003) The future of fisheries. Science. 302:1359-1361.
* Departamento da Agricultura, das Florestas e das Pescas (DAFF). (2012) Política para a pesca de pequena escala na África do Sul. Comunicação do Governo 474, 20 de junho de 2012, Departamento da Agricultura, Florestas e Pescas (DAFF), República da África do Sul.
* Sowman, M., Fuggle, R. e Preston, G. (1995) A Review of the Evolution of Environmental Evaluation Procedures in South Africa.
  Designing environmental policy. Elsevier Science Inc Environ Impact Assess Rev 15: 45-67.
* Departamento de Assuntos Ambientais (DEA). (sem data) South Africa Environment Outlook. Capítulo 7: Recursos marinhos e costeiros.
* Salm, V. R., Clark, J. R. e Sirrila, E (2000) Marine and Coastal Protected Areas: A Guide for Planners and Managers, Third Edition. Parte 1: A Criação de Áreas Marinhas Protegidas: The Roles of Protected Areas. União Internacional para a Conservação da Natureza e dos Recursos Naturais (IUCN). Washington DC.

- Glazewski, J. (2000) Environmental Law in South Africa. Capítulo 8: Avaliação do Impacto Ambiental. Butterworths. Durban.
- http://www.unesco.org/new/en/natural-sciences/priority-   areas/sids/natural-resources/coastal-marine-resources/
- http://sidsnet.org/coastal-and-marine-resources

-http://unstats.un.org/unsd/environment/envpdf/UNSD_UNEP_ECOW AS%20Workshop/Session%2004-2%20Coastal%20and%20Marine%20Resources%20(IUCN).pdf

- https://www.cbd.int/marine/living.shtml
- http://www.theglobaleducationproject.org/earth/fisheries-and- aquaculture.php
- http://www.fisherycrisis.com/inshore.html
- http://water.epa.gov/ type/ oceb/habitat/coral_index.cfm
- http://www.endangeredspeciesinternational.org/coralreefs5.html
- http://www.nfwf.org/coralreef/Pages/home.aspx

-http://www.responsibletravel.org/resources/documents/reports/ Global_Trends_in_Coastal_Tourism_from_CESD_Jan_08_LR.pdf

- http://www.nature.org/greenliving/what-is-ecotourism.xml
- http://www.unep.fr/shared/publications/pdf/DTIx1091xPA-SustainableCoastalTourismPlanning.pdf

-

http://www.oceanhealthindex.org/Goals/Coastal_Livelihoods_and_Ec onomias

-http://www.prb.org/Publications/Reports/2003/RippleEffectsPopulatio nandCoastalRegions.aspx

-http://www.sltda.lk/sites/default/files/Ecotourism_And_Mangrove_Co nservation_in%20Sri% 20Lanka_%20Upali%20Ratnayake.pdf

- http://www.dlist-asclme.org/burning-issues/the-environmental- impact-tourism-the-western-indian-ocean-0

-http://www.unep.org/resourceefficiency/Business/SectoralActivities/To urism/Facts andFigures aboutTourism / ImpactsofT ourism/Economic actsofT ourism/NegativeEconomicImpactsofT ourism/tabid/78784/Defa ult.aspx

- http://www.gdrc.org/uem/eco-tour/envi/one.html
- http:// www.responsibletravelreport.com/ component/content/article/26 42-mass-tourism-impacts
- http://www.ecotourism.org/what-is-ecotourism
- http://www.unep.fr/shared/publications/other/WEBx0137xPA/part- one.pdf
- http://www.unep.fr/shared/publications/pdf/DTIx0592xPA-TourismPolicyEN.pdf
- https://en.wikipedia.org/wiki/List_of_water_sports
- http://www.marlin.ac.uk/PDF/MLTN_commercial_fishing.pdf
- http://oceanservice.noaa.gov/websites/retiredsites/sotc_pdf/IEF.PDF
- http://www.usc.edu/ org/cosee-west/May12-2012/PDfs %20for%20the%20web/General%20Background/Environmental%20impacts.pdf

-http://oceana.org/sites/default/files/reports/Trawling_BZ_10may10_to Audrey.pdf

-http://www.capetown.gov.za/en/EnvironmentalResourceManagement/ publications   /Documents/NEM-Integrated-Coastal-Management-Act-24-   of-2008.pdf

- http://www.ai.org.za/wp-content/uploads/downloads/2011/11/No-   19-

environmental-impact-assessment-as-a-political-tool-for-integrating-
environmental-concerns-into-development.pdf
- http://www.environmental-
  mainstreaming.org/documents/EM%20Profile%20No%201%20-
  %20EIA%20(6%200ct%2009).pdf
- http://www.unep.ch/ etu/publications/EIA_ovrhds/top02.pdf
- http://cmsdata.iucn.org/downloads/south_africa.pdf
- http://www.dlist-
  asclme.org/sites/default/files/doclib/booklet_161107.pdf
- http://www.nda.agric.za/doaDev/ sideMenu/fishies/21_HotIssues/Ap
  ril2010/MarineRecreationalActivityInformationBrochure/Marine%
  20Recreational%20Brochure%202014-2015.pdf
-http://www.polity.org.za/polity/govdocs/white_papers/coastal/index. html
- http://www.gov.za/sites/www.gov.za/files/a18-98.pdf
- Classon, J., Therivel, R. e Chadwick, A. (1994) Introduction to Environmental Impact
  Assessment, 2nd Edition. Capítulo 1: Introdução e Princípios. The National and Built
  Environment Series. University College London (UCL) Press. University College
  London (UCL) Press. Pp. 3-27
- Cicin-Sain, B. e Knecht, R. W. (1998) Integrated Coastal and Ocean Management:
  Concepts and Practices. Parte 1: A necessidade de uma gestão costeira integrada e
  conceitos básicos. Island Press. EUA.
- Strydom H.A. e King N.D. (2009) Fuggle & Rabie's Environmental Management in
  South Africa. 2ª edição. Juta Law. Pp 1142.

CAPÍTULO 5

RECURSOS ENERGÉTICOS E IMPACTOS

5: Introdução

Este capítulo apresenta a oferta e a procura mundiais de energia, incluindo as diferentes fontes de energia e os seus impactos ambientais, custos e eficiência. São discutidas as mudanças na utilização de recursos e as estratégias para manter e melhorar a eficiência. O objetivo geral deste módulo é permitir que os alunos compreendam e apreciem:

* A importância central da energia para o desenvolvimento de uma economia, tanto a nível mundial como nacional (África do Sul);
* A dependência do mundo e da África do Sul em relação aos combustíveis fósseis como fonte de energia e, por conseguinte, a ligação inseparável entre energia e alterações climáticas;
* Em todo o mundo e na África do Sul, o acesso e o consumo de energia são muito diferentes e desiguais;
* que se os actuais e futuros padrões de produção e consumo de energia continuarem a depender dos combustíveis fósseis, não só estes combustíveis se esgotarão num futuro previsível, como, mais importante ainda, ocorrerão alterações climáticas catastróficas, possivelmente em apenas algumas décadas;
* A queima de combustíveis fósseis para produzir energia é altamente prejudicial para o ambiente e tem um impacto significativo na saúde e no ambiente;
* A utilização de combustíveis fósseis deve ser rapidamente reduzida, ao mesmo tempo que se combate a pobreza energética generalizada, a fim de combater as alterações climáticas e assegurar um futuro energético sustentável e equitativo para a humanidade; e
* que foram feitos grandes progressos na utilização mais eficiente da energia e na utilização de recursos energéticos renováveis, mas que estes podem e devem ser implementados rapidamente a nível mundial e na África do Sul, a fim de evitar alterações climáticas catastróficas.

Neste capítulo, são apresentados, em primeiro lugar, a situação energética mundial, a história das fontes de energia, o consumo e os desequilíbrios, bem como os factores ambientais, os recursos fósseis, as fontes de energia não renováveis e renováveis e a análise do ciclo de vida. A segunda parte trata do panorama energético africano e sul-africano, examinando o consumo de energia, as fontes de energia e os dados comparativos sobre a África do Sul e África. A palestra centra-se na energia na África do Sul, em particular nas fontes de energia não renováveis e renováveis, no sector industrial e comercial, bem como no sector residencial. A palestra chama a atenção para a energia na África do Sul nos sectores rural e urbano, doméstico e industrial e para os factores ambientais. Em terceiro lugar, serão destacadas as estratégias futuras para o aprovisionamento energético a nível mundial, centrando-se na eficiência energética, na conservação da energia, na gestão da energia, na descentralização, na transição energética, nas alternativas, nos transportes, no ordenamento do território urbano, na economia solar-hidrogénio e na investigação e previsão actuais. Por último, são exploradas as opções para o aprovisionamento energético na África do Sul, com especial destaque para a transição e as estratégias futuras, o cabaz energético, a política, a produção independente de energia, os transportes e as fontes de energia actuais e alternativas.

5.1: A situação energética mundial, a história das fontes de energia, o consumo e os desequilíbrios

A energia é necessária em todo o mundo para a indústria, a exploração mineira, a agricultura, o comércio e, evidentemente, para o consumo doméstico de energia para cozinhar, aquecer, iluminar e fazer funcionar aparelhos eléctricos. As fontes de energia são, por conseguinte, essenciais não só para a sobrevivência, mas também para usufruir dos benefícios da vida moderna.

O problema da pobreza energética - a falta de acesso a serviços energéticos modernos, limpos e a preços acessíveis - é um problema para uma grande parte da população mundial.

De acordo com a Agência Internacional de Energia (AIE), publicada no relatório Africa Energy Outlook Report, 2014:

Outro contexto importante para o debate sobre "energia" é a prevalência da "pobreza energética". A AIE reconhece este facto:

"Os serviços energéticos modernos são fundamentais para o bem-estar humano e o desenvolvimento económico de um país. O acesso a energia moderna é essencial para o fornecimento de água potável, saneamento e serviços de saúde, bem como para o fornecimento de serviços fiáveis e eficientes de iluminação, aquecimento, cozinha, energia mecânica, transportes e telecomunicações. É um facto alarmante que, atualmente, milhares de milhões de pessoas não tenham acesso aos serviços energéticos mais básicos: Como mostra o World Energy Outlook 2014, quase 1,3 mil milhões de pessoas não têm acesso à eletricidade e 2,7 mil milhões de pessoas dependem da utilização tradicional de biomassa para cozinhar, o que resulta em poluição nociva do ar interior. Estas pessoas vivem principalmente nos países em desenvolvimento da Ásia e da África Subsariana e nas zonas rurais." (World Energy Outlook, 2014). Isto significa que cerca de 4,0 mil milhões de pessoas (55%) de uma população mundial atual de cerca de 7,3 mil milhões não têm acesso à eletricidade e/ou dependem de combustíveis sólidos altamente poluentes (carvão, madeira e outra biomassa) para cozinhar e aquecer. A falta de acesso a "energia limpa e moderna" tem consequências económicas e sanitárias significativas - os pobres pagam mais pela sua energia e sofrem de problemas de saúde porque têm de recorrer a fontes de energia altamente poluentes, como a parafina (parafina), a madeira e o carvão: "A falta de acesso a esses serviços leva frequentemente as famílias a recorrer a alternativas caras, ineficientes e perigosas. Por exemplo, as famílias gastam normalmente 20-25% do seu rendimento em parafina, apesar de o custo da iluminação (medido em $/lumen hora de luz) ser 150 vezes superior ao das lâmpadas incandescentes e 600 vezes superior ao das lâmpadas fluorescentes compactas. Todos os anos, 4,3 milhões de mortes prematuras, incluindo quase 600 000 em África, são atribuíveis à poluição atmosférica doméstica causada pela utilização tradicional de combustíveis sólidos, como a lenha e o carvão vegetal (OMS, 2014)." (Agência Internacional da Energia (AIE), 2014c). Durante várias décadas, a dependência mundial dos combustíveis fósseis para o fornecimento de energia, com as emissões de gases com efeito de estufa associadas causadas pela queima de

Os combustíveis fósseis e o seu impacto nas alterações climáticas foram reconhecidos como o problema ambiental global mais importante. A história do consumo dos combustíveis fósseis carvão, petróleo e gás natural para a produção de eletricidade desde 1700 está resumida no Quadro 5.1.

Quadro 5. 1: Consumo mundial de energia primária comercial (em milhões de

	Coal	%	Oil	%	Nat. Gas	%	Electr. (prim.)	%	Total
1700	3	100.0							3
1750	5	100.0							5
1800	11	100.0							11
1850	48	100.0							48
1900	506	94.8	20	3.7	7	1.3	1	0.2	534
1950	971	58.7	497	30.1	156	9.4	29	1.8	1.653
1973	1,563	29.1	2,688	50.0	989	18.4	131	2.4	5,371
1987	2,249	31.7	2,968	41.8	1,550	21.8	332	4.7	7,099
2005	2.892	25.4	4,000	35.0	2,354	20.6	2.182	19.0	11,428

toneladas de equivalente de petróleo por ano).

O quadro 5.1 mostra que, antes de 1850, o carvão fornecia 100 % da energia mundial, tendo descido para 25 % em 2005 (excluindo o carvão para produção de eletricidade). A parte do petróleo no aprovisionamento energético mundial passou de 3,7 % em 1900 para 35 % em 2005, enquanto a parte do gás natural passou de 1,3 % para 21 % no mesmo período. Nos três casos (carvão, petróleo e gás), o consumo destes combustíveis fósseis aumentou rapidamente, sobretudo entre 1950 e 2005 e até à atualidade. Embora a quota-parte do carvão na oferta total de energia primária (TPES) por teor energético (milhões de toneladas de equivalente de petróleo, Mtep) seja inferior à do petróleo, a sua contribuição para as emissões totais de CO2 é maior, principalmente devido ao maior teor de carbono do carvão. Em 2012, o carvão representou 29% das TPES globais, mas 44% das emissões globais de CO2 (32 GtCO2), devido ao seu maior teor de carbono por unidade de energia libertada e ao facto de 18% das TPES provirem de combustíveis neutros em termos de carbono. Em comparação com o gás, o carvão é, em média, quase duas vezes mais intensivo em termos de emissões. Entre 1973 e 2012, a oferta global de energia primária aumentou de 6106 Mtep para 13 371 Mtep, o que corresponde a uma taxa média de crescimento de cerca de 2,0%. Em 2012, os combustíveis fósseis continuaram a dominar o aprovisionamento energético mundial, com o carvão (29%), o petróleo bruto (32%) e o gás natural (21%) a representarem, em conjunto, 82% do aprovisionamento total.

5.2: Tendências actuais (2013-2014) do consumo mundial de energia primária

"O consumo mundial de energia primária cresceu a uma taxa inferior à média de 0,9% em 2014. Esta é a taxa de crescimento mais baixa desde 1998, com exceção do declínio após a crise financeira. O crescimento foi inferior à média em todas as regiões, exceto na América do Norte e em África. Todas as fontes de energia, com exceção da energia nuclear, registaram taxas de crescimento abaixo da média. O petróleo continua a ser o combustível dominante a nível mundial. A energia hidroelétrica e outras energias renováveis na produção de eletricidade atingiram quotas recorde do consumo global de energia primária (6,8% e 2,5%, respetivamente)." (BP, 2015). O consumo mundial de energia está distribuído de forma extremamente desigual, variando entre um consumo anual per capita inferior a 1,5 Mtep na Índia e em grande parte de África e mais de 6 Mtep per capita na América do Norte, na Federação Russa e noutros países com elevado consumo de energia (ver Figura 5, BP, 2015). Os países da Organização para a Cooperação e Desenvolvimento Económico (OCDE) consomem seis vezes mais energia per capita do que África (Agência Internacional da Energia (AIE), 2014b).

5.3: Tendências recentes, recursos e reservas, fontes não renováveis e renováveis, eficiência e conservação

O padrão de consumo de energia é semelhante ao padrão de produção de energia, com a diferença de que parte da energia primária é convertida, por exemplo, em eletricidade. O consumo de combustíveis fósseis (carvão, petróleo e gás natural) continua a aumentar e domina a produção global de energia, com 50% da energia proveniente do petróleo, 15% do carvão e 12% do gás natural, num total de 77%, apesar do impacto deste padrão de consumo energético no aquecimento global (BP, 2015). Os combustíveis fósseis são, por definição, recursos não renováveis e finitos. A disponibilidade do recurso para consumo futuro é expressa como um rácio entre reservas e produção (rácio R/P), em que "reservas" são expressas como reservas "comprovadas" e "produção" como taxas de produção (e consumo) actuais.

5.3.1: BP Panorama estatístico da energia mundial, 2014

"O carvão continua a ser, de longe, o combustível fóssil mais abundante em termos de rácio R/P, embora as reservas de petróleo e gás natural tenham aumentado ao longo do tempo. A maioria das reservas comprovadas de todos os combustíveis fósseis está localizada em países não pertencentes à OCDE. O Médio Oriente tem as maiores reservas de petróleo e gás e o rácio R/P mais elevado para o gás natural; a América do Sul e Central tem o rácio R/P mais elevado para o petróleo. A Europa e a Eurásia têm as maiores reservas de carvão e o rácio R/P mais elevado."

O rácio entre reservas e produção (o número de reservas disponíveis para os próximos anos aos níveis de produção actuais) é de cerca de 50 anos para o petróleo e o gás e de cerca de 110 anos para o carvão. No entanto, a queima destas reservas e a consequente libertação de CO2 para a atmosfera conduzirão a alterações climáticas catastróficas. Se 50% da população mundial com carências energéticas tiver acesso a uma parte equitativa da energia mundial, como exigido pela justiça económica e social, mas sem alterar os padrões de consumo de energia, haverá uma libertação igualmente catastrófica de emissões de CO2 e as reservas actuais esgotar-se-ão muito mais rapidamente. É necessário alargar o acesso à energia para os mais pobres e, ao mesmo tempo, dissociar as fontes de energia primária dos combustíveis fósseis. É claro que é possível encontrar novas reservas de combustíveis fósseis através do desenvolvimento de novas tecnologias para explorar estes recursos, por exemplo, extraindo petróleo nas profundezas do mar, fazendo "fracking" (fracturação hidráulica) para extrair gás natural ou perfurando petróleo nas regiões árcticas, mas estes métodos não só são mais prejudiciais para o ambiente, como apenas adiam o problema do esgotamento dos recursos por alguns anos. O rácio entre as reservas e a produção de carvão da África do Sul é de cerca de 116, ou seja, as reservas de carvão durarão 116 anos às taxas de produção actuais (BP, 2015).

5.4: Energias renováveis (exceto energia hidroelétrica)

A energia gerada a partir de recursos renováveis (eólica, solar e biomassa) contribui atualmente pouco para a produção global de energia, mas a sua quota está a crescer rapidamente. "Em 2014, as energias renováveis voltaram a ser a forma de energia que mais cresceu e, num ano [2014] em que o crescimento do consumo mundial abrandou fortemente, representaram um terço do aumento do consumo total de energia primária. As energias renováveis representaram cerca de 3% da procura global de energia." (BP, 2015).

"A quota das energias renováveis na produção de eletricidade aumentou 12,0%, a taxa de crescimento mais baixa desde 2006. No entanto, a quota das energias renováveis na produção de eletricidade continuou a aumentar e situou-se em 6,0% da produção global de eletricidade. A região Ásia-Pacífico foi a que mais contribuiu para o crescimento, liderada pela China, enquanto a África registou a taxa de crescimento mais rápida. A Europa e a Eurásia continuam a liderar em termos de quota de produção de eletricidade, com as energias renováveis não hídricas a representarem agora quase 17% da produção de eletricidade na UE." (BP, 2015).

Desde cerca de 2004, o consumo e a produção de energias renováveis aumentaram rapidamente em cada uma das regiões. A lenta entrada de África no sector das energias renováveis e a retoma tardia em 2014, que se deve quase exclusivamente à entrada em funcionamento das centrais de energias renováveis sul-africanas (principalmente energia eólica e solar e alguma biomassa), é notável.

5.5: Procura global de energia e eficiência energética

A procura de energia primária para a produção de eletricidade (principalmente a partir do carvão) e de combustíveis para os transportes (a partir do petróleo bruto) continua a ser o maior sector. A eficiência energética, ou seja, a proporção de energia produzida sob a forma de eletricidade em comparação com a energia contida no carvão queimado, é baixa nas centrais eléctricas a carvão, situando-se em cerca de 35%. Outras perdas de energia ocorrem através do sistema de distribuição e de uma eficiência energética inferior a 100% no utilizador final, embora algumas ou todas estas perdas adicionais ocorram independentemente da fonte de energia primária.

5.5.1: Transporte de energia

Em 2011, o sector dos transportes foi responsável por 27% do consumo final total de energia (TFC) a nível mundial, contra 23% em 1973, sendo o transporte rodoviário responsável por quase três quartos do consumo. Impulsionado pelo aumento da procura, particularmente em países não membros da Organização para a Cooperação e Desenvolvimento Económico (OCDE), espera-se que os transportes continuem a desempenhar um papel muito importante na procura global de energia nas próximas décadas" (Agência Internacional da Energia (AIE), 2014).

Atualmente (e nos últimos 40 anos), cerca de 93% da energia global dos transportes é fornecida por produtos petrolíferos, enquanto os biocombustíveis representam cerca de 2% e a eletricidade cerca de 1% da energia dos transportes. O transporte rodoviário é responsável por cerca de 90% da energia total dos transportes, sendo o restante constituído pelo caminho de ferro (2%), o ar (5%) e a água (3%). O potencial para um transporte mais eficiente de pessoas e mercadorias começa com a constatação de que os vários modos de transporte têm níveis de eficiência muito diferentes. Por exemplo, os custos energéticos do transporte de uma tonelada-milha de mercadorias por caminho de ferro são inferiores a 10 % aos do transporte por camião (na estrada), como mostra o quadro 5.2.

Quadro 5.2: Intensidade energética dos modos de transporte doméstico de mercadorias nos EUA, 2006 (Fonte: U.S. Department of Energy, Transportation Energy Data Book, National Transportation Statistics, 2008).

Transportation mode	Energy intensity (Btu/ton mile)
Trucks	4 074
Rail (Class I)	330
Ships	571

A transferência do transporte de mercadorias da estrada para o caminho de ferro pode, por conseguinte, ser muito mais eficiente. Os transportes públicos são, em geral, mais eficientes do ponto de vista energético do que o transporte em automóvel particular, e o transporte ferroviário de passageiros é mais eficiente do ponto de vista energético do que o transporte rodoviário público ou privado em termos de passageiros-quilómetro. A transferência do tráfego pendular dos automóveis para o transporte público por autocarro ou comboio não só melhoraria significativamente a eficiência energética dos transportes, como também reduziria o congestionamento do tráfego e as emissões globais de poluentes e de CO_2 dos automóveis. No entanto, tal exigiria um investimento considerável em infra-estruturas de transportes públicos.

A tecnologia moderna dos motores, as melhorias na conceção dos automóveis de passageiros e o desenvolvimento de automóveis de passageiros mais eficientes em termos de consumo de combustível com motores a gasóleo conduziram a grandes melhorias na eficiência global do combustível, mas o benefício global destas melhorias na eficiência energética foi largamente anulado pela promoção de veículos maiores e mais potentes, como os SUV ("Sports Utility Vehicles"), e pelo aumento do número de veículos. Consequentemente, o consumo global de combustíveis nos transportes continuou a aumentar, numa média de 1,25% por ano entre 1973 e 2012.

5.5.2: Recursos eólicos mundiais

O potencial eólico global documentado é de pouco menos de 100 milhões de megawatts, mas o potencial real é ainda maior. Bona, 15 de dezembro de 2014 (WWEA) - O Comité Técnico da Associação Mundial de Energia Eólica publicou o primeiro Relatório Mundial de Avaliação dos Recursos Eólicos. O relatório apresenta uma panorâmica abrangente [mas conservadora, uma vez que nem todos os países são abrangidos] dos recursos eólicos atualmente disponíveis na maioria das regiões do mundo, quando disponíveis. O potencial eólico global total identificado nestes estudos é de 95 milhões de megawatts ou 95 terawatts. A relação com a atual procura global de energia, de cerca de 100 000 terawatts-hora, sugere que a energia eólica, por si só, seria mais do que suficiente para cobrir várias vezes o abastecimento global de energia.

Pode afirmar-se que o vento está disponível em abundância, embora alguns dos números documentados sejam ainda bastante conservadores. Para além da energia eólica, a energia solar, a energia hidroelétrica, a energia geotérmica e a bioenergia podem também dar um contributo importante para o aprovisionamento energético da humanidade, de modo que uma combinação de energias renováveis torna ainda mais fácil satisfazer a procura. Também em termos de custos, a energia eólica pode agora bater a energia fóssil e nuclear atual. Os maiores desafios continuam a ser a necessidade de alterar as regulamentações do mercado da energia em todo o mundo, para que esta riqueza possa ser utilizada em benefício do desenvolvimento humano, do clima e do ambiente em geral. (World Wind Energy Association (WWEA), 2014). Nos últimos anos, a utilização da energia eólica tem aumentado rapidamente, passando de cerca de 237.000 MW de capacidade instalada em 2011 para cerca de 370.000 MW em 2014, com uma taxa média de crescimento de 16% ao ano. A China, os EUA e a Alemanha têm as maiores capacidades eólicas, com uma capacidade instalada de 114 763 MW, 65 879 MW e 40 468 MW, respetivamente. O custo da energia eólica tem vindo a baixar rapidamente. Na África do Sul, os custos da energia eólica por unidade de eletricidade produzida caíram para um nível inferior ao das centrais eléctricas a carvão recentemente construídas entre 2011 e 2014. Os custos estabilizaram à medida que a tecnologia foi amadurecendo.

5.5.3: Recursos solares mundiais

Os sistemas solares fotovoltaicos (PV) convertem a energia solar (radiação) diretamente em eletricidade. Os sistemas solares fotovoltaicos podem ser instalados em telhados individuais ou em grandes campos para gerar eletricidade. O custo dos sistemas solares fotovoltaicos diminuiu rapidamente nos últimos cinco ou seis anos, passando de cerca de 1,29 dólares em 2009 para cerca de 47 dólares em 2014, embora os custos estejam agora a diminuir novamente. Os sistemas de energia solar concentrada (CSP) utilizam espelhos parabólicos para concentrar a radiação solar e gerar vapor e eletricidade. Trieb et al. (2009) modelaram o desempenho de diferentes configurações de CSP e, juntamente com considerações de uso do solo, topografia, hidrologia, geomorfologia, infra-estruturas, áreas protegidas, etc., estimaram o potencial global de CSP, excluindo locais que não são tecnicamente viáveis para a construção de centrais de energia solar concentrada:

"O potencial técnico global da energia solar concentrada ascende a quase 3 000 000 TWh/ano, um valor significativamente superior ao atual consumo global de eletricidade de 18 000 TWh/ano. "Em condições desérticas, as centrais eléctricas CSP com grandes campos solares e armazenamento de energia térmica são, em princípio, capazes de gerar até 8000 horas por ano de eletricidade de base em plena capacidade." (Trieb, et al., 2009) Breyer e Knies (2009) chegaram a uma conclusão semelhante relativamente ao potencial da CSP:
Com base em conjuntos de dados globais relativos à radiação direta e à densidade populacional, foi estimado o potencial de fornecimento de energia da energia solar concentrada. Há provas claras de que 90% da população mundial ligada aos desertos através da rede só poderia ser abastecida por CSP através de linhas HVDC de não mais de 3 000 km. Menos de 0,4% ou 2,8% do potencial de eletricidade das potenciais zonas CSP do mundo seriam necessários para satisfazer a procura de energia eléctrica e não eléctrica aos níveis actuais de consumo de energia na Europa. Por conseguinte, apenas uma pequena fração de 0,4% a 2,8% do potencial mundial de fornecimento de energia CSP seria necessária para satisfazer a procura mundial de energia." As maiores áreas do mundo para a utilização de CSP estão localizadas no Norte de África, África do Sul, Médio Oriente, Índia, Austrália, América do Norte e América do Sul. Ao contrário da maioria dos recursos naturais, a energia solar sob a forma de irradiação direta normal está distribuída por todo o mundo e quase todas as zonas povoadas podem ser ligadas

a zonas com excelentes condições solares (ver Figura 5.1).

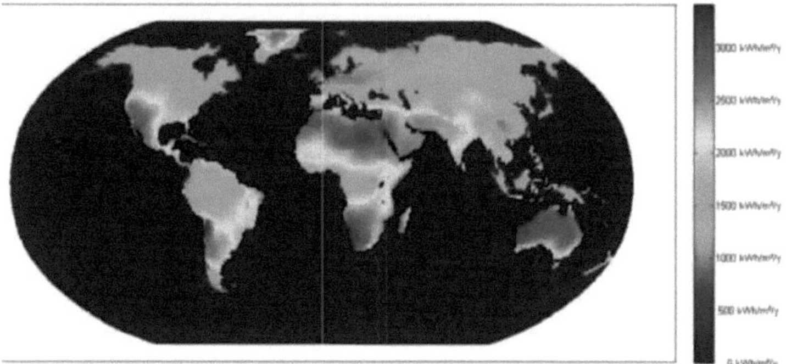

Figura 5.1: Irradiância normal direta global.

[2]Os dados baseiam-se no DLR-ISIS do Centro Aeroespacial Alemão (DLR) e são derivados do Projeto Internacional de Climatologia de Nuvens por Satélite - por razões económicas, são necessárias áreas de pelo menos 2000 kWh/m /ano para os sistemas CSP.

5.6: Factores ambientais, recursos fósseis, fontes não renováveis e renováveis, análise do ciclo de vida

As centrais eléctricas alimentadas a carvão não só emitem CO_2, mas também N_2O (outro potente gás com efeito de estufa) e os poluentes PM10, NOx, SO2 e mercúrio. A extração de carvão provoca a drenagem ácida das minas, emissões fugitivas de partículas e a degradação dos solos devido às operações de extração e à descarga de cinzas (até 0,4 toneladas de cinzas por tonelada de carvão queimado). A combustão de combustíveis líquidos em veículos (automóveis e camiões) também conduz não só a emissões de CO_2, mas também a emissões de PM10, NOx, SO2 e COV. O metano (um poderoso gás com efeito de estufa) é libertado durante a extração e distribuição do gás natural; a combustão do metano produz CO_2, embora a intensidade de CO2 (a quantidade de CO_2 emitida por unidade de energia) seja inferior, cerca de 50% da do carvão.

As emissões de CO2 durante o ciclo de vida das centrais eléctricas a carvão são dominadas pela taxa de emissão durante a produção, cerca de 1,0 kg CO_2/kWh de eletricidade produzida. As emissões durante a construção da central eléctrica só são significativas durante o período de construção. À medida que o mundo muda para fontes de energia renováveis, como a energia eólica e solar, o ciclo de vida das emissões de CO2 (e outras emissões) também deve ser tido em conta (ver Quadro 5.3 abaixo).

No caso das instalações eólicas e solares, as emissões de CO_2 e outras emissões durante o funcionamento são negligenciáveis. Para os sistemas solares fotovoltaicos, as emissões do ciclo de vida, incluindo as emissões durante a construção, a desativação e a reciclagem, são estimadas em 20 a 45 g CO2 eq./kWh (ou seja, 0,02 a 0,045 kg CO2 eq./kWh) (Bekkelund, 2013). Para as turbinas eólicas em terra, as emissões do ciclo de vida são de 5 a 20 g CO2 eq./kWh (Arvesen et al., sem data). As emissões de CO2 durante o ciclo de vida das centrais eólicas e solares fotovoltaicas são, por conseguinte, inferiores a um vigésimo das emissões das centrais eléctricas a carvão.

$_2$**Quadro 5.3:** Emissões aproximadas de CO durante todo o ciclo de vida para várias fontes de energia.

Energy source	CO$_2$ emissions (kg/kWh produced)
coal	1.0
on-shore wind	0.005 - 0.020
solar PV	0.020 - 0.045

5.7: O panorama energético africano e sul-africano

A África, com uma população total de cerca de 1,1 mil milhões de pessoas, caracteriza-se pela pobreza de rendimentos (cerca de 40% vivem com menos de 1,25 USD por dia) e pela desigualdade na distribuição dos rendimentos, o que se reflecte em grande medida na pobreza energética global e no acesso desigual a energia limpa. Mesmo os países ricos em petróleo sofrem de escassez de combustível e de cortes de energia generalizados, que têm um impacto direto na atividade económica (BP, 2015).

Na África Subsariana (África com exceção do Norte de África):

Mais de 620 milhões de pessoas [56%] vivem sem acesso à eletricidade e quase 730 milhões de pessoas [66%] utilizam formas perigosas e ineficientes de cozinhar, afectando desproporcionadamente as mulheres e as crianças. As pessoas que têm acesso a energia moderna têm de pagar preços muito elevados por um abastecimento inadequado e pouco fiável. (Agência Internacional da Energia, 2014c)

África tem excelentes recursos de energia solar, como mostra a Figura 5.2, com grandes áreas que recebem mais de 2000 kWh/m2 (2,0 MWh/m2) por ano.

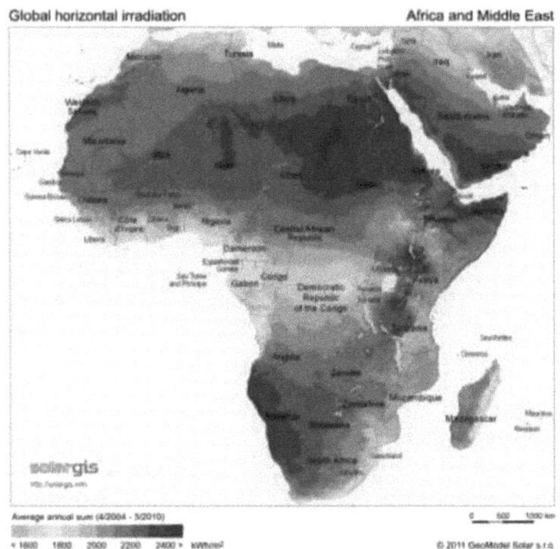

Figura 5.2: Recursos de energia solar em África.

5.8: Energia na África do Sul, fontes de energia não renováveis e renováveis, indústria e comércio, agregados familiares

Na África do Sul, embora o acesso à eletricidade tenha aumentado rapidamente nos 20 anos que se seguiram à introdução da democracia (de 36% dos agregados familiares em 1994 para 77-87% em 2014), "quase 7 milhões de agregados familiares [ou seja, 47% de cerca de 15 milhões de agregados familiares no total (Statistics South Africa (STATSSA, 2013)] continuam a depender em grande medida de formas de energia pouco seguras e de qualidade inferior." (Sustainable Energy Africa (SEA), 2014). Os 7 milhões de agregados familiares que utilizam "formas de energia pouco seguras e de baixa qualidade", como velas, lenha, parafina e carvão, estão expostos a uma poluição insalubre do ar interior e a riscos de incêndio, em especial nos aglomerados informais e nas casas "RDP" mal construídas e energeticamente ineficientes (BP, 2015). Os maiores consumidores de energia (energia total) são a indústria (32%), os transportes (27%), os agregados familiares (19%) e a indústria mineira (8%). A produção de eletricidade baseia-se predominantemente em centrais eléctricas a carvão (cerca de 90 %), sendo o restante coberto por centrais nucleares (5 %), a gás, hidroeléctricas e a gasóleo até 2012. Desde 2012, foram colocadas em funcionamento várias centrais eólicas, solares e de biomassa.

A Eskom explora 27 centrais eléctricas com uma capacidade nominal total de 41 995 MW, incluindo 35 726 MW de centrais a carvão, 1 860 MW de centrais nucleares, 2 409 MW de centrais a gás, 2 000 MW de centrais hidroeléctricas e centrais de armazenamento por bombagem, bem como o parque eólico de 3 MW em Klipheuwel. Em termos de capacidade nominal, a Eskom produz 85% da sua eletricidade a partir do carvão. A Eskom vendeu 217 903 GWh [784 451 terajoules [TJ]] de eletricidade em 2013/14 eletricidade a cerca de 800 municípios, 3 000 clientes industriais, 1 000 clientes mineiros, 50 000 clientes comerciais e 84 000 clientes agrícolas. Também forneceu eletricidade a mais de 5,1 milhões de clientes privados (Sustainable Energy Africa (SEA), 2015). As vendas directas de eletricidade da Eskom (2012-2013) estão distribuídas pelos clientes da seguinte forma: Municípios (42,2%), Indústria (23,8%), Mineração (14,6%), Comercial e Agricultura (6,8%), Exportação (6,4%), Residencial (4,8%), Ferroviário (1,4%). No período 2013-2014, as centrais eléctricas a carvão da Eskom emitiram 233,3 milhões de toneladas de CO_2, 2 969 toneladas de N_2O, 1,98 milhões de toneladas de SO2 e 79 000 toneladas de partículas e produziram 231 129 GWh de eletricidade. Além disso, estas centrais eléctricas eliminaram 35,0 milhões de toneladas de cinzas e consumiram 317 mil milhões de litros de água (Eskom, 2014). As emissões anuais de CO2 correspondem a 1,0 kg CO_2/kWh de eletricidade produzida. Em 2014, as energias eólica e solar geraram, em conjunto, apenas cerca de 1% da eletricidade total despachada, mas esta percentagem irá aumentar à medida que os projectos de energias renováveis já em construção e aprovados entrem em funcionamento nos próximos 2-3 anos. Dois factores contribuem para a predominância do carvão no abastecimento energético da África do Sul: O carvão é a principal fonte de energia utilizada pela empresa de eletricidade Eskom para gerar eletricidade (85-90%) e 20-25% dos combustíveis líquidos (transportes) da África do Sul são produzidos pelo processo de conversão de carvão em líquidos da Sasol, que é altamente intensivo em termos energéticos e emite CO2. O carvão e os produtos petrolíferos representam cerca de 94% do abastecimento total de energia da África do Sul. O aprovisionamento energético da África do Sul baseado em combustíveis fósseis e o sistema de transportes e a indústria com utilização intensiva de energia reflectem-se no inventário de gases com efeito de estufa: 85% das emissões totais provêm do sector da energia (equivalentes de CO2, valores de 2010), 59% da indústria energética, 8% dos transportes rodoviários, 6% da produção de ferro e aço, 5% das ferro-ligas, 5% da produção de cimento e 5% dos combustíveis líquidos (instalações de transformação de carvão em líquidos da Sasol). Total de emissões de todas as fontes, excluindo o subsector da terra em 2010: 580.000 GgCO2 eq. (580 milhões de toneladas de CO2 eq.) (Departamento de Assuntos Ambientais (DEA), 2013).

5.9: Eletricidade na África do Sul, rural/urbana, doméstica/industrial, factores ambientais

Em novembro de 2013, o inspetor-geral de estatísticas da África do Sul resumiu a situação do abastecimento de energia na África do Sul da seguinte forma:

- O número de agregados familiares sul-africanos com ligações legais de eletricidade aumentou 49% entre 2002 e 2012, passando de 8,3 milhões para 12,4 milhões de agregados familiares;
- Durante o período de dez anos, foram criadas 4,1 milhões de ligações, embora tenham sido acrescentados 3,8 milhões de novos agregados familiares no mesmo período, elevando o número total de agregados familiares para 14,6 milhões em 2012;
- 85,3% dos agregados familiares estavam ligados à rede eléctrica em 2012. Dos 15% que ainda não estavam ligados, 4% não tinham ligação eléctrica, enquanto 11% estavam ligados à rede eléctrica mas não através da rede, em muitos casos ilegalmente;
- 12,6 % dos sul-africanos, especialmente nas zonas rurais do país, ainda cozinham com

lenha.

- Dos agregados familiares com um rendimento per capita inferior a R390 por mês, apenas 79% tinham uma ligação eléctrica, em comparação com 94% dos agregados familiares com um rendimento mensal de R4 000 ou mais; e

- Enquanto 94% dos agregados familiares formais e 91% dos agregados familiares subsidiados pelo Estado estavam ligados à rede eléctrica, apenas 54% dos agregados familiares nas zonas informais e 63% nas zonas tradicionais tinham uma ligação à rede eléctrica.

O acesso à eletricidade e a pobreza energética estão desigualmente distribuídos dentro das cidades e municípios e entre as zonas urbanas e rurais. O relatório "Tackling Urban Energy Poverty in South Africa" (Sustainable Energy Africa (SEA), 2014) sublinha o seguinte:

- 77% electrificados - 6 milhões de agregados familiares continuam sem eletricidade;
- 13,65% da população da África do Sul vive em barracas informais e não em casas formais;
- 51% das pessoas pobres têm acesso a eletricidade básica gratuita;
- Cerca de 3 milhões de agregados familiares vivem em casas do PDR sem teto; e
- 43% da população da África do Sul é pobre em energia.

O relatório sublinha igualmente a relação entre a qualidade da habitação e a pobreza energética: Os agregados familiares necessitam de energia para serviços essenciais que satisfaçam as necessidades humanas básicas, e a falta de escolha no acesso a serviços energéticos adequados, fiáveis, seguros e respeitadores do ambiente é a forma como a pobreza energética se manifesta (PNUD, 2000).

No contexto urbano, a pobreza energética é particularmente prevalecente nos aglomerados informais (normalmente em terrenos que não foram desbravados para construção de habitações) e também inclui agregados familiares que vivem em barracas de quintal em terrenos formais em condições de sobrelotação. A maioria dos aglomerados informais situa-se na periferia das cidades e muitos deles não têm acesso formal à Eskom ou às redes de eletricidade municipais. Os que têm acesso à eletricidade recebem-na normalmente através de ligações ilegais, embora exista agora uma iniciativa nacional para eletrificar as povoações informais localizadas em terrenos designados. Existem atualmente 51,7 milhões de pessoas na África do Sul a viver em cerca de 14,5 milhões de agregados familiares, dos quais 1,96 milhões vivem informalmente, ou seja, em habitações informais. Isto equivale a aproximadamente 13,6% da população nacional, dos quais 8% vivem nas maiores cidades da África do Sul (metropolitanas). (BP, 2015).

5.10: Estratégias futuras de aprovisionamento energético a nível mundial
Eficiência energética:
A eficiência energética pode ser definida como a quantidade de energia utilizada para atingir um determinado resultado. Pode ser definida em muitos contextos. Alguns exemplos são a energia necessária para atingir um determinado nível de iluminação, aquecimento e arrefecimento em casas e edifícios, a energia necessária para transportar bens e pessoas, a energia necessária para fabricar produtos industriais como o cimento, o alumínio e o aço, ou a energia necessária para cultivar alimentos. Reduzir o consumo de energia para obter o mesmo resultado pode ser visto como uma melhoria da eficiência energética, mas uma abordagem tão simples pode não ser suficiente para conseguir a redução significativa e radical do consumo de energia necessária para evitar alterações climáticas catastróficas e combater a pobreza energética que afecta atualmente 50% da

população mundial. O que é necessário é uma mudança rápida e em grande escala da queima de combustíveis fósseis como principal fonte de energia para fontes de energia renováveis, bem como mudanças como a redução das "milhas alimentares" (as longas distâncias em que os alimentos são transportados das explorações agrícolas para os consumidores) e a transferência do transporte rodoviário (privado) de passageiros e do transporte rodoviário de mercadorias para transportes ferroviários e públicos muito mais eficientes do ponto de vista energético. Seguem-se alguns exemplos de melhorias potenciais e efectivas da eficiência energética.

5.10.1: Iluminação para casa e para a empresa

Uma resposta muito bem sucedida à necessidade de maior eficiência energética na iluminação foi o desenvolvimento das lâmpadas fluorescentes compactas (LFC) e, melhor ainda, dos LED (díodos emissores de luz). As lâmpadas fluorescentes compactas consomem cerca de um quinto da energia de uma lâmpada incandescente comparável, que até há pouco tempo era a iluminação padrão nas casas particulares, e duram cerca de seis vezes mais. As desvantagens das lâmpadas fluorescentes compactas são o facto de conterem mercúrio tóxico e necessitarem de ser eliminadas com cuidado e de demorarem alguns segundos a atingir o brilho máximo. Desde há um ano, estão disponíveis para uso doméstico, a preços competitivos, lâmpadas LED com propriedades de iluminação comparáveis ou superiores, com uma eficiência energética ainda melhor (50% das lâmpadas fluorescentes compactas) e uma vida útil mais longa (25 000 a 50 000 horas).

Os LEDs de alta qualidade para iluminação doméstica ainda não são amplamente utilizados na África do Sul e a conversão em grande escala de LFCs para LEDs ainda não começou, mas este é um exemplo do potencial para melhorias incrementais na eficiência energética com efeitos de longo alcance, uma vez plenamente realizados.

5.10.2: Géiseres de água solares

Os géisers (ou aquecedores) solares de água (SWH) captam diretamente a energia do sol para a aquecer e armazenar sob a forma de água quente. Como o aquecimento da água para tomar banho e lavar roupa representa uma proporção significativa (até 40%) das necessidades diárias de energia, os SWH podem reduzir as necessidades energéticas de um agregado familiar em 20-25% se forem instalados e utilizados corretamente. Os aquecedores de água solares modernos têm um elemento amortecedor para garantir que a água quente esteja sempre disponível, mesmo com mau tempo, mas deve ser instalado um temporizador para garantir que a água é aquecida fora das horas de ponta. Substituir os aquecedores de água convencionais por aquecedores de água solares é geralmente a medida mais económica e importante para reduzir as necessidades energéticas domésticas.

5.10.3: Aparelhos energeticamente eficientes

Os electrodomésticos energeticamente eficientes (frigoríficos, máquinas de lavar roupa) reduzem o consumo de energia das famílias.

5.10.4: Casas energeticamente eficientes

A conceção de casas mais eficientes do ponto de vista energético reduz a necessidade de aquecimento e arrefecimento, mantendo ou aumentando o conforto. Isto reduz o consumo global de energia.

5.10.5: Processos de produção eficientes do ponto de vista energético

É possível obter poupanças de energia significativas nos processos industriais através da substituição de bombas e ventiladores por equipamento mais eficiente e da garantia de que este equipamento está a funcionar com uma eficiência óptima ou próxima disso, bem como através da conservação do calor

Medidas. As minas subterrâneas profundas, em particular, que consomem grandes quantidades de energia para ventiladores e refrigeração, podem conseguir poupanças de energia consideráveis através da adaptação de sistemas mais eficientes em termos energéticos.

5.11: Transição energética e alternativas

Atualmente, os países mais ricos consomem mais de seis vezes mais energia por pessoa do que os países mais pobres, mais de 80% da energia mundial é produzida pela queima de combustíveis fósseis que libertam gases com efeito de estufa e cerca de 50% da população mundial é pobre em energia. As considerações sobre as alterações climáticas exigem uma redução rápida dos gases com efeito de estufa de 60% a 80% em relação aos níveis de 1990 para evitar alterações climáticas "perigosas". Ao mesmo tempo, as pessoas com carências energéticas do mundo exigem acesso a energia limpa.

Existem alternativas aos combustíveis fósseis. As actuais tecnologias de energias renováveis (energia eólica e solar) e as novas tecnologias como a CSP poderiam substituir rapidamente (dentro de décadas) a eletricidade produzida a partir de combustíveis fósseis. As tecnologias existentes para veículos eléctricos e sistemas de transporte poderiam reduzir significativamente a utilização de combustíveis líquidos provenientes de combustíveis fósseis. Em combinação com medidas de eficiência energética, é possível um futuro com baixas emissões de carbono. A justiça social e a justiça climática exigem que a pobreza energética de 50% da população mundial seja tratada simultaneamente. O excesso de oferta de recursos energéticos renováveis torna-o possível. A transição de um presente com elevada intensidade de carbono e energia para um futuro justo e com baixas emissões de carbono não é dificultada pela tecnologia (embora sejam necessários mais desenvolvimentos tecnológicos), mas pela resistência ativa de duas grandes indústrias globais - as indústrias do carvão e do petróleo.

5.12: Transportes, ordenamento do território urbano

A procura de energia nos transportes urbanos é determinada pelas deslocações diárias para o trabalho e para os estabelecimentos de ensino e, de um modo mais geral, pela configuração ou geografia das cidades. O transporte rodoviário motorizado, em particular a utilização de veículos privados, é a forma predominante de transporte. Esta situação, associada à expansão urbana, conduz a longas distâncias, congestionamentos, tempos de deslocação excessivos, consumo excessivo de energia e poluição atmosférica, incluindo emissões de gases com efeito de estufa. A resposta a médio prazo a esta situação quase global consiste em reforçar (ou, se for caso disso, desenvolver) sistemas de transportes públicos eficientes do ponto de vista energético, como os sistemas locais de transporte ferroviário de passageiros, em utilizar transportes públicos eficientes do ponto de vista energético e com baixas emissões e em desencorajar a utilização de veículos privados. Incentivar a venda e a utilização de veículos movidos a combustíveis fósseis energeticamente ineficientes, por exemplo, através de um imposto sobre as emissões e do estabelecimento de normas de eficiência energética, é uma abordagem eficaz que é utilizada em alguns países, mas que encontra resistência noutros. A longo prazo, as cidades têm de ser reorganizadas para reduzir a procura de energia nos transportes.

5.13: Economia do hidrogénio solar, investigação atual e previsões

A economia do hidrogénio é um sistema de aprovisionamento energético proposto, no qual o hidrogénio é utilizado como combustível (no sentido mais restrito de vetor energético) em vez da gasolina/diesel, como acontece atualmente. Por outras palavras, o conceito prevê um sistema de transporte baseado no hidrogénio para substituir um sistema de transporte baseado no petróleo (gasolina e gasóleo). A economia solar-hidrogénio utilizaria a energia solar como fonte de energia primária e o hidrogénio como vetor energético. O desenvolvimento de uma economia do hidrogénio para substituir uma economia baseada na combustão de combustíveis fósseis apresenta numerosas dificuldades tecnológicas. O hidrogénio é naturalmente abundante, ligado ao oxigénio sob a forma de água. Uma vez que não existem depósitos naturais de hidrogénio, o primeiro problema é que o hidrogénio tem de ser produzido por uma ou mais de várias novas vias possíveis (atualmente, a principal via é a reforma a vapor utilizando combustíveis fósseis). A eletrólise da água é extremamente intensiva em energia e impraticável em grande escala. Em segundo lugar, é necessário desenvolver sistemas de armazenamento e distribuição de hidrogénio. O hidrogénio pode ser queimado num motor de combustão interna de forma semelhante à gasolina, produzindo e emitindo apenas vapor de água. Em alternativa, as células de combustível de hidrogénio podem ser utilizadas para gerar eletricidade para automóveis eléctricos. O hidrogénio apresenta um risco extremo de incêndio e explosão. Uma economia de hidrogénio exigiria um sistema seguro de distribuição e armazenamento de hidrogénio. O conceito de "economia do hidrogénio" tem sido criticado por várias razões, incluindo a sua menor eficiência energética em comparação com a utilização direta da eletricidade para alimentar os veículos, o facto de as tecnologias actuais exigirem a utilização de combustíveis fósseis para produzir hidrogénio, o custo e a segurança do sistema. Em última análise, o conceito deve competir (em termos de requisitos de capital, custos energéticos, segurança e eficiência energética global, entre outros aspectos) com uma alternativa como a produção de energia primária sob a forma de eletricidade, a distribuição de eletricidade através de redes eléctricas principalmente existentes, eventualmente modificadas e ampliadas, e a utilização de veículos eléctricos.

5.14: Opções para o aprovisionamento energético na África do Sul

Esta secção discute a transição e as estratégias futuras, o cabaz energético, a política, a produção independente de energia e os transportes. Os capítulos anteriores mostram que a África do Sul se caracteriza pelos seguintes factores:

- Uma distribuição muito desigual do acesso aos recursos energéticos, com cerca de 40-50% das pessoas a viverem em situação de pobreza energética;
- Uma economia formal que é altamente intensiva em energia e ineficiente em termos energéticos e, ao mesmo tempo, extremamente intensiva em carbono, derivando mais de 90% das suas necessidades energéticas de combustíveis fósseis prejudiciais ao clima; e
- Uma dependência do carvão, combustível fóssil finito e em declínio, que cobre mais de 70 % das nossas necessidades energéticas. É provável que este recurso se esgote em cerca de 100 anos, mesmo com os actuais níveis de produção. Mesmo que sejam encontrados depósitos adicionais durante a exploração, a sua exploração será mais difícil e intensiva em energia e apenas adiará, e não resolverá, o problema do esgotamento dos recursos. A extração contínua de carvão causa enormes danos ambientais através da

poluição da água e do ar. A queima de carvão para gerar eletricidade tem um enorme impacto na poluição atmosférica e na saúde ambiental, para além da emissão do gás com efeito de estufa CO_2. A atual estrutura da economia sul-africana é muito intensiva em energia (consome muita energia por unidade de produção económica) e o seu aprovisionamento energético é extremamente dependente dos combustíveis fósseis. Consequentemente, a África do Sul tem uma pontuação muito baixa no índice de intensidade de carbono, ocupando o quarto pior lugar no mundo. Por outras palavras, as suas emissões de gases com efeito de estufa e a sua contribuição para o aquecimento global são desproporcionadamente elevadas.

1.1.1: Energia no agregado familiar

Apenas 55% da população beneficia de energia doméstica moderna (principalmente eletricidade), os outros 45% são pobres em energia, pois dependem de um abastecimento energético altamente poluente, ineficaz e frequentemente dispendioso. Se o desenvolvimento alargar o acesso à energia aos 45% de pobres em energia com o atual método de produção de energia (energia a carvão), os problemas de poluição do ar, do solo e da água e a contribuição da África do Sul para o aquecimento global serão exacerbados. A justiça social e ambiental exige, por conseguinte, que tanto os pobres em energia tenham acesso a energia limpa e moderna como que a produção de energia seja rapidamente convertida em energia limpa e renovável.

Existem oportunidades significativas para melhorar a eficiência energética da África do Sul e combater a pobreza energética que afecta metade da população. Em primeiro lugar, é necessário garantir que todas as famílias tenham um rendimento adequado e estejam alojadas numa casa devidamente construída e energeticamente eficiente. Medidas como o fornecimento de iluminação energeticamente eficiente, a instalação de aquecedores solares de água e a melhoria do isolamento térmico das casas através de obras de remodelação, bem como a garantia de um fornecimento adequado de eletricidade a todos os agregados familiares, podem aliviar a pobreza energética a curto prazo. Os aquecedores solares de água podem potencialmente poupar cerca de 25% da energia doméstica (em habitações formais de classe média), enquanto a iluminação energeticamente eficiente pode poupar mais 10%.

1.1.2: Energia de transporte

As actuais necessidades energéticas da África do Sul para o transporte de passageiros devem ser consideradas no contexto da localização geográfica das suas cidades e vilas durante o apartheid. Durante o apartheid, os "negros", geralmente pessoas pobres da classe trabalhadora, eram alojados em bairros separados, longe dos empregos, das instituições de ensino e das actividades comerciais - uma situação que só se alterou ligeiramente nos últimos 20 anos. Um inquérito exaustivo realizado pelo Ministério dos Transportes em 2003 revelou que 76% da população sul-africana (cerca de 80% nas zonas urbanas e cerca de 70% nas zonas rurais) fez uma viagem na semana anterior ao inquérito. Apenas 6% destas viagens são feitas de comboio, 94% utilizam um meio de transporte que funciona com gasolina ou gasóleo - 47% utilizam mini-táxis, 33% automóveis e 12% autocarros (Departamento de Transportes, 2003). No inquérito de 2013 (Statistics South Africa (STATSSA), 2013), a percentagem de pessoas que fazem viagens aumentou para 81% e a percentagem de pessoas que utilizam água da chuva para 10%. Estes números reflectem não só um sistema de transportes públicos em lenta melhoria, mas ainda inadequado, mas também a forte dependência - 90% das viagens - dos combustíveis fósseis. Desde 2010, o Ministério dos Transportes (em colaboração com as câmaras municipais) introduziu sistemas de transportes públicos baseados em autocarros a gasóleo (BRT - Bus Rapid Transit) nas principais cidades, mas estas redes ainda precisam de ser expandidas para satisfazer as necessidades de transporte da maioria dos trabalhadores pendulares. Mais recentemente (2014), o ministério anunciou planos para gastar 51 mil milhões de rands na rede nacional de transportes colectivos para "transferir os utentes da estrada para o caminho de ferro". A longo prazo, a reorganização das cidades e dos municípios é necessária para reduzir as distâncias pendulares.

O transporte de mercadorias a granel, ou seja, o transporte de grandes quantidades de materiais como o carvão e o minério de ferro, é efectuado por caminho de ferro. O transporte geral de mercadorias, ou seja, o transporte de materiais mais valiosos ou de menores quantidades, continua a ser predominantemente efectuado por estrada (com motores a gasóleo) e não por caminho de ferro. O transporte rodoviário representa 88% do transporte geral de mercadorias em termos de tonelagem (2013: um total de 1740 milhões de toneladas) e 70% em termos de toneladas-quilómetro (2013: 441 mil milhões de toneladas-quilómetro). É necessária uma transferência significativa do transporte de mercadorias da estrada para o caminho de ferro, especialmente nos corredores de transporte entre as principais cidades, para beneficiar dos custos mais elevados e da eficiência energética do transporte ferroviário e para aliviar a rede rodoviária sul-africana de camiões pesados.

5.13: Futuro cabaz de produção de energia

A África do Sul dispõe também de recursos solares e eólicos renováveis excecionalmente bons, que excedem em muito as necessidades energéticas actuais e futuras. Os primeiros passos cautelosos para utilizar estes recursos já foram dados e já deram frutos limitados. No entanto, o problema global iminente das alterações climáticas não pode esperar por uma resposta lenta e gradual e por uma alteração do nível de emissões de gases com efeito de estufa. É necessária uma estratégia para passar da situação atual para uma situação de grande redução das emissões de CO_2 dentro de algumas décadas. Ou seja, é necessária uma transição justa, mas rápida, da atual situação de utilização intensiva de carbono para um futuro em que não só o acesso à energia limpa seja alargado a quem não tem acesso, mas também as emissões de carbono sejam significativamente reduzidas através de programas de eficiência energética e de uma mudança dos combustíveis fósseis para fontes de energia renováveis. A política oficial da África do Sul prevê um "cabaz energético" de carvão, gás natural, energia nuclear, energias renováveis (eólica e solar) e biomassa. A utilização continuada do carvão é justificada pelo facto de o carvão ser um recurso local abundante e de as centrais eléctricas a carvão serem necessárias para a carga de base. Uma vez que a procura de eletricidade varia diurnamente (num período de 24 horas), de dia para dia e de estação para estação, mas uma "carga de base" deve ser fornecida com 100% de fiabilidade, é necessária uma fonte de abastecimento como o carvão ou a energia nuclear para fornecer essa "carga de base". A energia eólica e a energia solar são fontes de energia inerentemente intermitentes - "o vento não sopra sempre e o sol não brilha sempre" - e, por conseguinte, inerentemente inadequadas para a "carga de base". O potencial da energia solar nos telhados, com ou sem armazenamento em baterias, para alterar significativamente o atual padrão de procura e oferta de eletricidade ainda está por explorar. O governo e as autoridades locais estão relutantes em encorajar tal desenvolvimento, uma vez que é provável que prevejam uma perda de receitas para as autoridades locais. A investigação e a experiência dos últimos dez anos mostraram que o problema da flutuação da procura pode ser resolvido de várias formas - nivelando os picos diários (evitando ou reduzindo os picos de procura matinal e nocturna nos agregados familiares), através do armazenamento de energia (já existem dois sistemas de armazenamento por bombagem na África do Sul, estando um terceiro em construção), através da distribuição geográfica da energia eólica e de outros sistemas. Os sistemas CSP podem ser projectados com armazenamento para algumas horas ou com armazenamento suficiente para um fornecimento contínuo de energia, mas isso implica custos adicionais. Budischak et al. mostraram que é teoricamente possível alimentar uma rede regional apenas com energias renováveis e um armazenamento eletroquímico mínimo, com um elevado grau de disponibilidade e a um custo comparável aos custos actuais (Budischak et al., 2013). Jacobson e Delucchi (2011) sugeriram que a procura global de energia em 2030 poderia ser satisfeita com energia eólica, hidroelétrica (hydropower) e solar (WWS), concluindo que: "As barreiras a este plano são principalmente sociais e políticas, não tecnológicas ou económicas. É provável que o custo da energia num mundo WWS seja semelhante ao atual". A rede nacional precisa de ser redesenhada para lidar não só com a procura flutuante, mas também com a oferta distribuída e flutuante. Os problemas das cargas flutuantes e da alimentação flutuante de energias renováveis não são, portanto, insuperáveis. Um segundo argumento apresentado contra a aceleração do investimento estratégico (a longo prazo) na energia solar e eólica é o custo mais elevado da energia em comparação com a produção de eletricidade a partir do carvão. Uma análise comparativa da Administração da Informação sobre Energia dos EUA concluiu que o custo médio por unidade de eletricidade produzida (LCOE - Levelised Cost of Electricity) para a energia eólica em terra é cerca de 15 % inferior ao do carvão convencional, enquanto o custo da energia solar é cerca de 30 % superior. A energia nuclear é a opção mais cara, tanto em termos de capital como de custo da energia produzida. A Eskom e a África do Sul estão atualmente empenhadas na construção de duas novas grandes centrais eléctricas a carvão - Medupi, com seis unidades de produção de 800 MW cada (num total de 4800 MW) e Kusile, também com seis unidades de produção de 800 MW cada. Registaram-se numerosos atrasos e derrapagens de custos durante a construção de ambas as centrais, pelo que a conclusão está agora prevista para 2021. A conclusão de Medupi estava inicialmente prevista para 2013. Manter a produção de eletricidade a carvão significa que a África do Sul continuará a emitir gases com efeito de estufa a partir destas centrais (e de outras centrais existentes) durante os próximos 50 a 60 anos. Prevê-se que a procura total de energia duplique até 2050, com a duplicação da procura de combustíveis líquidos a exigir a duplicação da capacidade de refinação de petróleo, o que, por sua vez, conduz à duplicação das emissões de combustíveis líquidos (BP, 2015). Estas projecções de crescimento da procura baseiam-se em pressupostos questionáveis e não se concretizaram nos últimos cinco anos. A avaliação do DoE sobre o futuro energético da África do Sul limita desnecessariamente ou ignora completamente o potencial das fontes de energia renováveis, como a energia eólica e solar. Por exemplo, o sítio Web afirma, no separador "Carvão": "Cerca de 77% das necessidades de energia primária da África do Sul são satisfeitas pelo carvão. É pouco provável que esta situação se altere significativamente nas próximas duas décadas devido à falta de alternativas adequadas ao carvão como fonte de energia."

Produtores independentes de energia (IPP)

Os produtores independentes de energia são essencialmente empresas privadas que produzem eletricidade e a alimentam na rede nacional da Eskom a uma tarifa fixa. O programa IPP inclui disposições para as energias renováveis (o REIPPP), o carvão, o gás, a produção combinada de calor e eletricidade e as pequenas centrais hidroeléctricas.

5.14: Fontes de energia alternativas, actuais (sol, vento, água, lenha, biomassa) e futuras (marés, calor dos oceanos, ondas, etc.)

Um primeiro passo para um futuro energético com baixas emissões de carbono é investigar os recursos energéticos renováveis disponíveis com base nas tecnologias actuais e em desenvolvimento para a utilização desses recursos.

A África do Sul dispõe de abundantes recursos de energia eólica e solar, com grandes regiões com uma intensidade de radiação anual superior a 2000 kW/m2 (ver Figura 5.3). As regiões com maior radiação solar, o Cabo Setentrional e o Noroeste, estão relativamente subdesenvolvidas. A construção de centrais de energia solar

A instalação de centrais de energia solar nestas zonas não só utilizará este recurso, como também impulsionará a atividade económica nestas zonas. Uma desvantagem das centrais solares remotas é que é necessário um investimento adicional para expandir a rede eléctrica nestas áreas relativamente remotas.

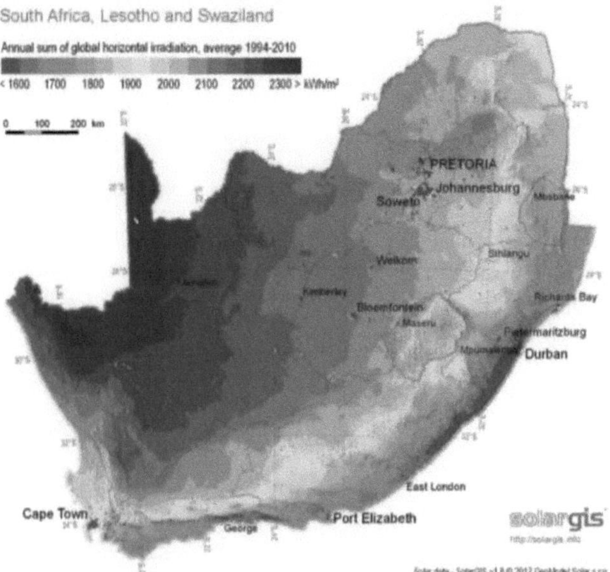

Figura 5. 3: Mapa da radiação solar anual: África do Sul, Lesoto e Suazilândia

A África do Sul também possui excelentes recursos eólicos, com grandes áreas acessíveis com velocidades médias anuais do vento superiores a 5 m/s a uma altura de 100 m (a altura aproximada do cubo de uma turbina eólica moderna) (ver Figura 5.4).

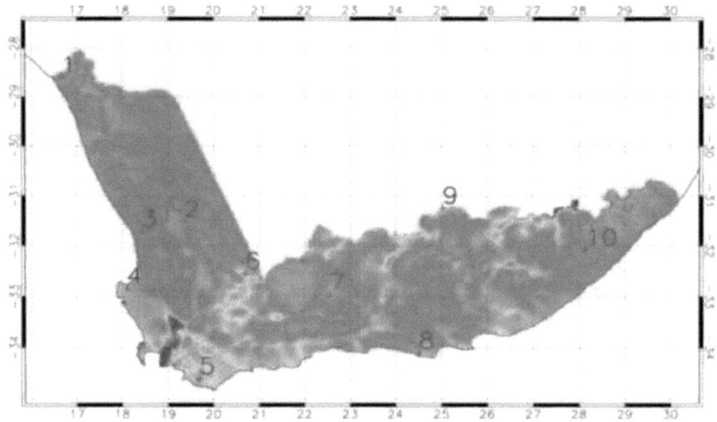

Figura 5. 4: Mapa numérico do vento, regiões costeiras, África do Sul
Fonte: Velocidade média anual do vento climatológica estimulada (30 anos) [m/s] 100 m acima do solo (CSIR)

O anúncio da atribuição da Janela de Licitação 4 (DoE, 2015) pelo DoE e a promessa de expandir a aquisição de energias renováveis é encorajador, mas parece ser mais uma reação ao problema atual e contínuo da Eskom com as suas centrais eléctricas a carvão com fraco desempenho e os repetidos atrasos na conclusão das centrais eléctricas de Medupi e Kusile do que uma mudança estratégica de perspetiva. A distribuição dos projectos de energias renováveis da África do Sul é apresentada na Figura 5.5.

Localizações de projectos de energias renováveis - África do Sul

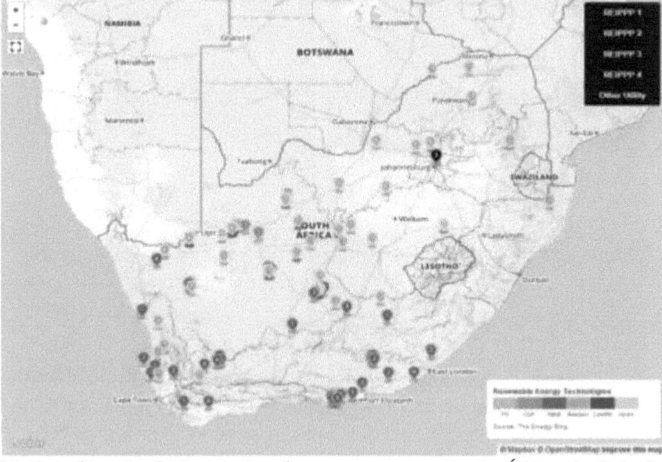

Figura 5. 5: Localização dos projectos de energias renováveis, África do Sul, abril de 2015.

Pequenas centrais hidroeléctricas
O potencial das pequenas centrais hidroeléctricas parece ser limitado, talvez 250 MW no total (Energize, 2014), mas o seu desenvolvimento e apoio têm sido insuficientes até à data (Klunne, 2013).

Biomassa
O potencial de utilização da biomassa para gerar eletricidade é considerável: resíduos de cana-de-açúcar: 5584 GWh/ano, resíduos florestais: 2723 GWh/ano, resíduos de serração: 2123 GWh/ano, resíduos de pasta e papel: 2 542 GWh/ano, totalizando 12972 GWh/ano (50,86 TWh/ano) (DoE, sem data). Este potencial, se plenamente utilizado, representa 6% da atual produção anual da Eskom (2013/2014) de 217 903 GWh. Algumas destas aplicações de biomassa já estão a funcionar.

Tecnologias emergentes
Marés: Um gerador de marés converte a energia das correntes de maré em eletricidade. Flutuações de maré maiores e velocidades de corrente de maré mais elevadas podem aumentar drasticamente o potencial de um local para a produção de energia das marés. A primeira central à escala comercial está a ser construída, mas esta tecnologia ainda está a dar os primeiros passos.
Ondas: A energia das ondas tenta converter a energia das ondas do mar em eletricidade. Existem várias instalações à escala piloto ou em desenvolvimento, mas esta tecnologia ainda está a dar os primeiros passos.
A conversão da energia **térmica dos oceanos** (OTEC) utiliza a diferença de temperatura entre as águas profundas, mais frias, e as águas superficiais, mais quentes, para acionar um motor térmico e gerar trabalho útil, geralmente sob a forma de eletricidade. Já foram construídas algumas pequenas centrais, mas esta tecnologia pode ser limitada (em comparação com a energia eólica ou solar) e está ainda a dar os primeiros passos.

Referências

* Malanima, P. (sem data) A energia na história. Conselho Nacional de Investigação (Itália). Instituto de Estudos sobre as Sociedades Mediterrânicas, Nápoles, Itália.
* Agência Internacional da Energia (AIE). $_2$(2014a) 2012 CO Emissions Overview. $_2$Emissões de CO da combustão de combustíveis, edição de 2014, Agência Internacional da Energia.
* BP. (2015) BP Statistical Review of World Energy (BPSRWE), julho de 2015, 64ª edição. REINO UNIDO.
* Agência Internacional da Energia (AIE). (2014b) 2014 Key World Energy Statistics. Agência Internacional da Energia (AIE). Paris.
* Rede de Políticas para as Energias Renováveis para o Século XXI (REN21). (2015) Renewables 2015 Global Status Report: Key Findings. França.
* Bekkelund, K. (2013) Uma avaliação comparativa do ciclo de vida de sistemas solares fotovoltaicos. Tese de Mestrado. Departamento de Energia e Engenharia de Processos, Universidade Norueguesa de Ciência e Tecnologia.
* Arvesen, A. et al. (sem data). Life cycle assessments of wind turbines (Avaliações do ciclo de vida das turbinas eólicas). Programa de Ecologia Industrial (IndEcol) e Departamento de Energia e Engenharia de Processos, Universidade Norueguesa de

Ciência e Tecnologia (NTNU). Noruega.

- Agência Internacional da Energia (AIE). (2014c) Perspectivas Energéticas em África: A Focus on Energy Prospects in Sub-Saharan Africa. Relatório especial do World Energy Outlook. Agência Internacional da Energia (AIE). França.
- Estatísticas da África do Sul (STATSSA). (2014) Inquérito Geral aos Agregados Familiares 2013 Comunicado estatístico, P0318. África do Sul.
- Energia Sustentável África (SEA). (2014) Tackling Urban Energy Poverty in South Africa (Luta contra a pobreza energética urbana na África do Sul). Cidade do Cabo, África do Sul.
- Rede de Soluções para o Desenvolvimento Sustentável (SDSN) e Instituto para o Desenvolvimento Sustentável e Relações Internacionais (IDDRI). (2014) Pathways to Decarbonisation, 2014 Interim Report. SDSN & IDDRI.
- Eskom. (2014) Relatório Integrado 2014, Joanesburgo, África do Sul.
- Departamento de Assuntos Ambientais (DEA). (2013) GHG Inventory for South Africa 2000-2010, compilado para o Departamento de Assuntos Ambientais (DEA). DEA, República da África do Sul.
- Energia Sustentável em África (SEA). (2015) Estado da energia nas cidades sul-africanas. Mar.
- Ministério dos Transportes. (2003) Key Results of the National Household Travel Survey. The first South African Household Travel Behaviour Survey 2003, Departamento dos Transportes, República da África do Sul.
- Estatísticas da África do Sul (STATSSA). (2013) Inquérito Nacional às Deslocações dos Agregados Familiares 2013. publicação estatística, P0320. África do Sul.
- Conselho para a Investigação Científica e Industrial (CSIR). (2015) Custos e benefícios financeiros das energias renováveis na África do Sul em 2014. CSIR.
- Klunne, W. J. (2013) Small hydropower in Southern Africa - an overview of five countries in the region. Conselho para a Investigação Científica e Industrial (CSIR), África do Sul. Journal of Energy in Southern Africa 24(3): 14-33.
- Ministério da Energia. (2013) Clean Energy. Departamento de Energia, República da África do Sul.
- Malanima, P. (2015) A energia na história. Conselho Nacional de Investigação (Itália). Instituto de Estudos sobre as Sociedades Mediterrânicas Nápoles, Itália.
- Agência Internacional da Energia (AIE). $_2$(2014a) 2012 CO Emissions Overview. $_2$Emissões de CO da combustão de combustíveis, edição de 2014, Agência Internacional da Energia.
- BP. (2015) BP Statistical Review of World Energy (BPSRWE), julho de 2015, 64ª edição. REINO UNIDO.
- Agência Internacional da Energia (AIE). (2014b) 2014 Key World Energy Statistics. Agência Internacional da Energia (AIE). Paris.
- Rede de Políticas de Energias Renováveis para o Século XXI (REN21). (2015) Renewables 2015 Global Status Report: Key Findings. França.
- Bekkelund, K. (2013) Uma avaliação comparativa do ciclo de vida de sistemas solares fotovoltaicos. Tese de Mestrado. Departamento de Energia e Engenharia de Processos, Universidade Norueguesa de Ciência e Tecnologia.
- Arvesen, A. et al. (sem data). Life cycle assessments of wind turbines (Avaliações do ciclo de vida das turbinas eólicas). Programa de Ecologia Industrial (IndEcol) e Departamento de Energia e Engenharia de Processos, Universidade Norueguesa de Ciência e Tecnologia (NTNU). Noruega.
- Agência Internacional da Energia (AIE). (2014c) Perspectivas Energéticas em África:

A Focus on Energy Prospects in Sub-Saharan Africa. Relatório especial do World Energy Outlook. Agência Internacional da Energia (AIE). França.

- Estatísticas da África do Sul (STATSSA). (2014) Inquérito Geral aos Agregados Familiares 2013 Comunicado estatístico, P0318. África do Sul.
- Energia Sustentável África (SEA). (2014) Tackling Urban Energy Poverty in South Africa (Luta contra a pobreza energética urbana na África do Sul). Cidade do Cabo, África do Sul.
- Rede de Soluções para o Desenvolvimento Sustentável (SDSN) e Instituto para o Desenvolvimento Sustentável e Relações Internacionais (IDDRI). (2014) Pathways to Decarbonisation, 2014 Interim Report. SDSN & IDDRI.
- Eskom. (2014) Relatório Integrado 2014, Joanesburgo, África do Sul.
- Departamento de Assuntos Ambientais (DEA). (2013) GHG Inventory for South Africa 2000-2010, compilado para o Departamento de Assuntos Ambientais (DEA). DEA, República da África do Sul.
- Energia Sustentável em África (SEA). (2015) Estado da energia nas cidades sul-africanas. Mar.
- Ministério dos Transportes. (2003) Key Results of the National Household Travel Survey. The first South African Household Travel Behaviour Survey 2003, Departamento dos Transportes, República da África do Sul.
- Estatísticas da África do Sul (STATSSA). (2013) Inquérito Nacional às Deslocações dos Agregados Familiares, versão estatística de 2013, P0320. África do Sul.
- Conselho para a Investigação Científica e Industrial (CSIR). (2015) Custos e benefícios financeiros das energias renováveis na África do Sul em 2014. CSIR.
- Klunne, W. J. (2013) Small hydropower in Southern Africa - an overview of five countries in the region. Conselho para a Investigação Científica e Industrial (CSIR), África do Sul. Journal of Energy in Southern Africa 24(3): 14-33.
- Ministério da Energia. (2013) Clean Energy. Departamento de Energia, República da África do Sul.
- Trieb, F. et al. (2009) Global Potential of Concentrating Solar Power. Actas do Solar PACES 2009, Berlim.
- Budischak, C. et al. (2013) Combinações de energia eólica, energia solar e armazenamento eletroquímico com custos minimizados que abastecem a rede até 99,9% do tempo. Journal of Power Sources 225(2013): 60-74.
- Jacobson, M. Z. e Delucchi, M. A. (2011) Providing all the world's energy with wind, hydro and solar power, Part 1: Technologies, energy resources, quantities and areas of infrastructure and materials. Política Energética 39(2011): 1154-1169
- Breyer, C. e Knies, G. (2009) Global Energy Supply Potential of Concentrating Solar Power. Actas SolarPACES 2009, Berlim.
- http://www.wwindea.org/wwea-publishes-world-wind-resource- relatório de avaliação/
- http://www.docstoc.com/docs/16116734/global-potential-csp
- www.iea.org.
- www.ren21.net
- www.worldenergyoutlook.org/ resources/energy-development/
- http://www.ee.co.za/wp-content/uploads/2014/05/energize-may-14- pg-18-22.pdf
- http://www.energy.gov.za
- http://wasadata.csir.co.za/wasa1/
- http://www.eia.gov/forecasts/aeo/index.cfm.

- http://www.roadsandtransport.gpg.gov.za/media/
-http://www.southafrica.info/business/economy/infrastructure/transpor t-120814.htm#.VZj72PmqpBc

CAPÍTULO 6:

ALTERAÇÕES CLIMÁTICAS E POLUIÇÃO ATMOSFÉRICA

6: Introdução

Este capítulo fornece uma compreensão geral das causas e mecanismos das alterações climáticas num contexto local, internacional e global, bem como do seu significado e ligações a outros factores ambientais, sociais, económicos e políticos.

O objetivo geral deste capítulo é compreender:

- As provas das alterações climáticas e as previsões de novas alterações que provavelmente ocorrerão nas próximas décadas;
- As causas das alterações climáticas, em particular o papel da atual utilização de combustíveis fósseis como principal fonte de energia, num contexto local, internacional e global;
- As consequências das alterações climáticas; e
- O significado e as inter-relações das alterações climáticas com outros factores ecológicos, sociais, económicos e políticos.

O capítulo centra-se na África do Sul, no seu papel nas alterações climáticas e no impacto que as alterações climáticas poderão ter na África do Sul.

6.1: Alterações climáticas

As alterações climáticas são uma mudança na distribuição estatística dos padrões meteorológicos quando esta mudança persiste durante um período de tempo alargado (ou seja, décadas a milhões de anos). As alterações climáticas podem referir-se a uma alteração das condições meteorológicas médias (alterações da temperatura média, da precipitação, etc.) ou à variação temporal das condições meteorológicas em torno das condições médias a longo prazo (ou seja, mais ou menos fenómenos meteorológicos extremos). Para colocar esta definição em perspetiva, devem ser consideradas as seguintes observações.

- O tempo é o estado da atmosfera (temperatura, precipitação, vento, nebulosidade, humidade, etc.) de momento a momento, de dia para dia e de estação para estação. O tempo pode também variar, até certo ponto, de ano para ano. Por exemplo, num ano pode chover menos do que no outro, ou um verão pode ser mais quente do que no outro;

- Os padrões climáticos, como tempestades ou secas, podem variar de ano para ano. A frequência e a intensidade de fenómenos meteorológicos extremos, como tempestades invulgarmente fortes ou secas prolongadas, também podem variar de ano para ano; e
- O termo "clima" refere-se a padrões meteorológicos cuja média é calculada durante um longo período de tempo, normalmente 30 anos. A expressão "distribuição estatística dos padrões meteorológicos" na definição de "alterações climáticas" refere-se, por conseguinte, tanto às médias a longo prazo da temperatura, precipitação, tempestades, etc., como às medidas da variabilidade destes valores, tais como temperaturas máximas e mínimas, padrões extremos de precipitação (secas e inundações) e outros factores relacionados com o clima.

Estas alterações climáticas (padrões meteorológicos a longo prazo) variam em todo o mundo. Por conseguinte, certas zonas são mais afectadas do que outras.

As flutuações diárias das temperaturas máximas e mínimas em comparação com as temperaturas médias a longo prazo (30 anos) são apresentadas na Figura 6.1.

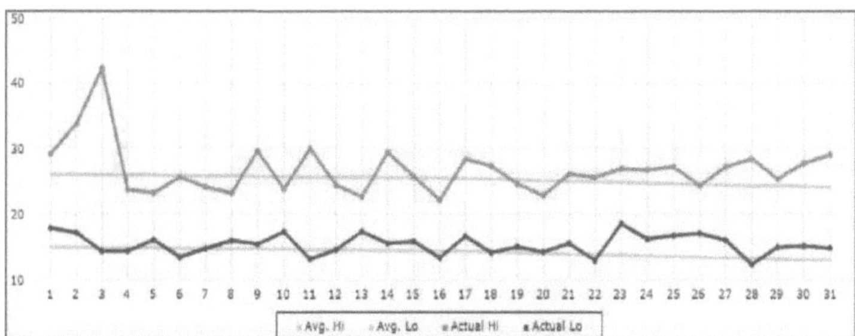

Figura 6. 1: Cidade do Cabo, março de 2015: Flutuações diárias das temperaturas máximas e mínimas em comparação com as temperaturas médias a longo prazo (linhas sólidas) (Fonte: AccuWeather.com)

Os padrões climáticos variam consoante a estação do ano (verão, inverno, etc.) e de região para região. Por exemplo, o clima no Cabo Ocidental é mais chuvoso no inverno do que no verão em grande parte da África do Sul.

6.2: Provas de que as alterações climáticas estão a acontecer, cenários futuros

Desde a década de 1950, muitas das alterações climáticas observadas não têm precedentes em comparação com as décadas anteriores e remontam a milhares de anos. A atmosfera, a superfície da Terra e os oceanos aqueceram, a quantidade de neve e gelo diminuiu, o nível do mar subiu e as concentrações de gases com efeito de estufa, a principal causa das alterações climáticas, aumentaram. O aumento observado (medido) da temperatura média global entre a média dos anos de 1850 a 1900 e a média do período de 2002 a 2012 é de 0,78 °C. As temperaturas globais aumentaram mais rapidamente desde cerca de 1970. A anomalia de temperatura (variação de temperatura entre o período de referência e o presente ou o futuro previsto) está distribuída de forma bastante desigual pelo planeta, com um aumento de temperatura de 1,75 a 2,5 °c (cor púrpura) em algumas regiões (Figura 6.2), um fator que, por si só, tem implicações importantes em termos dos efeitos e consequências das alterações climáticas.

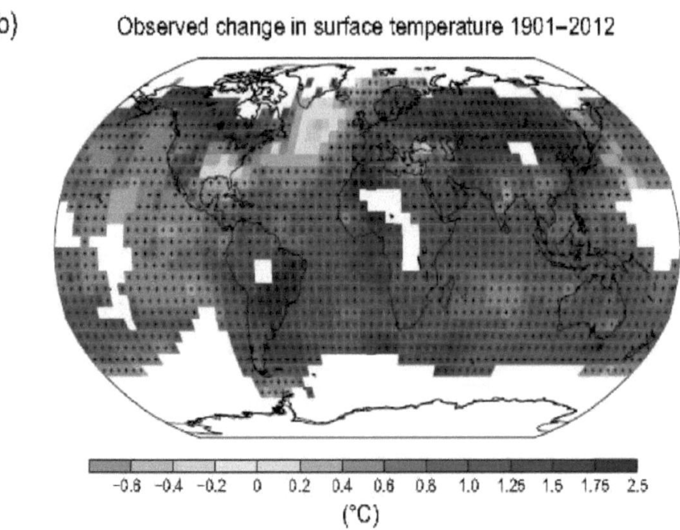

Figura 6.2: Mudança observada na temperatura da superfície 1901-2012.

(Fonte: 5° Relatório de Avaliação da UNFCC: Resumo para os decisores políticos).

Desde cerca de 1950, têm-se observado alterações em muitos fenómenos meteorológicos e climáticos extremos. O número de dias e noites frios diminuiu e o número de dias e noites quentes aumentou. A frequência das vagas de calor aumentou em grande parte da Europa, da Ásia e da Austrália. A frequência ou intensidade de precipitação intensa aumentou na América do Norte e na Europa e possivelmente também noutros continentes. As quantidades médias anuais de precipitação alteraram-se, com algumas zonas a receberem até 100 mm por ano a mais do que a média a longo prazo, enquanto outras zonas receberam menos de 100 mm por ano (ver Figura 6.3).

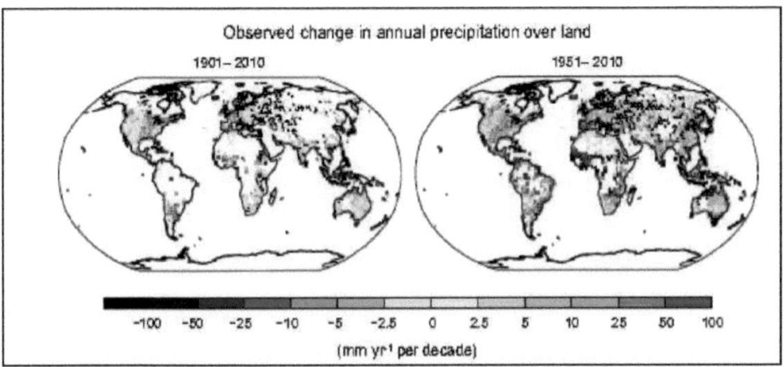

Figura 6.3: Mapas das alterações de precipitação observadas de 1901 a 2010 e de 1951 a 2010. (Fonte: UNFCC 5th Assessment Report: Summary for Policymakers).

<u>Alterações de temperatura previstas para o futuro em comparação com o passado distante</u> As previsões das futuras concentrações de CO2 e o potencial aumento de temperatura daí resultante, bem como os efeitos e consequências correspondentes, dependem dos cenários de emissões utilizados na modelação.

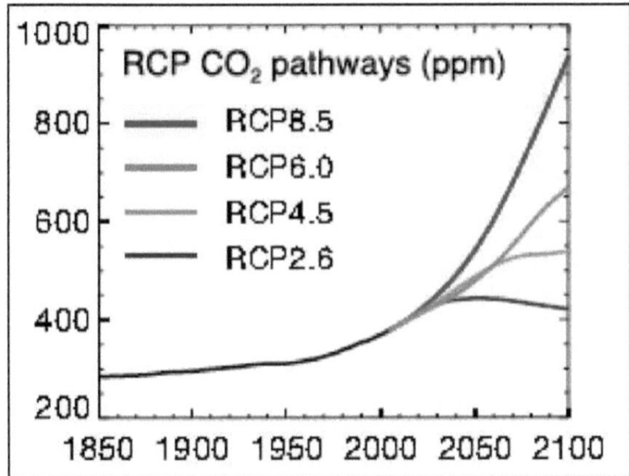

Figura 6.4: Trajectórias de concentração representativas.

Com base na média dos anos de 1850 a 1900, como se mostra na Fig. 6.4, é provável que a alteração da temperatura global à superfície exceda 1,5°C até ao final do século XXI para os cenários RCP4.5, RCP6.0 e RCP8.5 (elevada confiança). É provável que o aquecimento ultrapasse os 2°C para os cenários RCP6.0 e RCP8.5 (confiança elevada), é muito provável que ultrapasse os 2°C para o cenário RCP4.5 (confiança elevada), mas é pouco provável que ultrapasse os 2°C para o cenário RCP2.6 (confiança média). O aumento das temperaturas médias globais à superfície para 2081-2100, em comparação com 1986-2005, deverá situar-se entre 0,3°C e 1,7°C (RCP2.6), 1,1°C e 2,6°C (RCP4.5), 1,4°C e 3,1°C (RCP6.0), 2,6°C e 4,8°C (RCP8.5). A região do Ártico aquecerá mais rapidamente do que a média global e o aquecimento médio sobre a terra será maior do que sobre o oceano (ver Figura 6.5).

ºApenas o RCP2.6, que exige uma rápida redução do forçamento radiativo (e das emissões de gases com efeito de estufa até 2040-2050), é suscetível de evitar que a temperatura média global à superfície aumente mais de 2ºC.

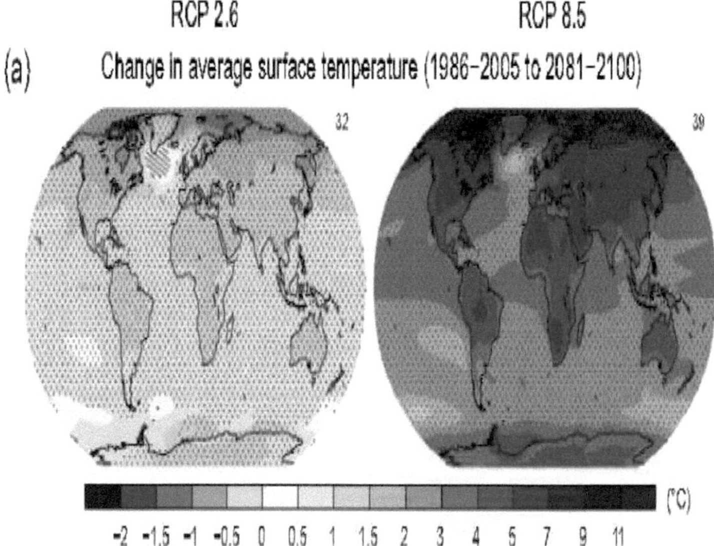

Figura 6.5: Alteração projectada da temperatura à superfície na média de 20 anos 20812100 em comparação com a média de 10 anos 1986 - 2005 (fonte: AR5SPM).

ºNote-se que, mesmo no cenário mais otimista, a anomalia da temperatura média de 20 anos na região do Ártico é de 2-3 C; no pior cenário do RCP8.5, a anomalia da temperatura na região do Ártico é de cerca de 11 C. A concentração de dióxido de carbono na atmosfera é atualmente mais de 400 ppm superior à dos últimos 800 000 anos e cerca de 40% superior à da época pré-industrial. A Figura 6.6 mostra os registos dos últimos 400 000 anos.

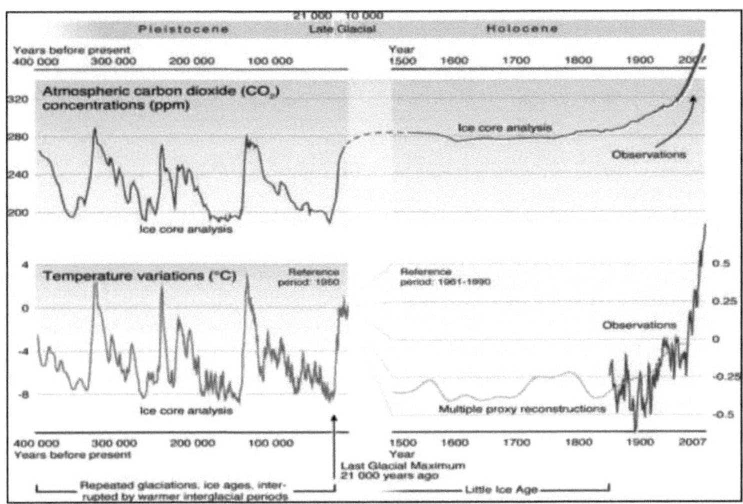

Figura 6.6: Dados históricos de temperatura e CO2

Alerta marítimo e subida do nível do mar

O aquecimento dos oceanos é responsável por mais de 90 % do aumento líquido da energia armazenada no sistema climático. O aquecimento é mais forte perto da superfície. ∞Os 75 metros superiores aqueceram 0,11 C *por década* entre 1971 e 2010 (0,44 C no total), o que representa cerca de 60 % do aumento líquido de energia. °A massa total dos 75 m superiores do oceano é de cerca de 27 mil milhões de toneladas, pelo que o aumento de temperatura de 0,44 C representa uma enorme quantidade de energia armazenada. Como resultado do aquecimento dos oceanos, as regiões com elevada salinidade tornaram-se mais salgadas, enquanto as regiões com baixa salinidade, onde predomina a precipitação, se tornaram menos salgadas.

Perda da criosfera (camadas de gelo)

Entre 1979 e 2012, a extensão média anual de gelo marinho no Ártico diminuiu entre 3,5% e 4,1% por década, e o mínimo de gelo no verão diminuiu entre 9,4% e 13,6% por década. As temperaturas do mar no verão no Ártico são mais elevadas do que nos últimos 1450 anos. A média anual de gelo marinho no Antártico

A expansão da pecuária aumentou a uma taxa entre 1,2 % e 1,8 % por década entre 1979 e 2012. Existem fortes diferenças regionais nesta taxa anual, com a extensão a aumentar em algumas regiões e a diminuir noutras. ∞As temperaturas do permafrost aumentaram na maioria das regiões desde o início da década de 1908, até 3 °C em partes do norte do Alasca e até 2 °C no norte da Rússia.

Aumento do nível do mar

Em resultado do aquecimento dos oceanos (expansão) e da fusão dos mantos de gelo nas regiões polares, o nível médio global do mar subiu 0,19 m entre 1901 e 2010, tendo a subida do nível do mar acelerado entre 1993 e 2010. O nível do mar aumentará mais 0,40 m (RCP2.6) e 0,83 m (RCP8.5) até 2081-2100. [th]A taxa de subida do nível do mar desde meados do século XIX (1850) foi superior à registada nos últimos 2000 anos. Entre 1971 e 2010, o nível médio do mar (msl) subiu 2,0 mm por ano; entre 1993 e 2010, subiu 3,2 mm por ano.

Alterações no ciclo do carbono e noutros ciclos biogeoquímicos
As concentrações atmosféricas de dióxido de carbono, metano e óxido nitroso aumentaram para níveis sem precedentes, pelo menos, nos últimos 800 000 anos. As concentrações de dióxido de carbono aumentaram 40% desde a era pré-industrial, principalmente devido às emissões de combustíveis fósseis e, em segundo lugar, às emissões líquidas resultantes da alteração da utilização dos solos. Os oceanos absorveram cerca de 30% do dióxido de carbono emitido pelos seres humanos, o que conduziu à acidificação dos oceanos.
A acidificação dos oceanos é medida por uma diminuição do valor do pH. O valor do pH das águas superficiais dos oceanos diminuiu 0,1 desde o início da era industrial, o que corresponde a um aumento de 26% na concentração de iões de hidrogénio.

Aumento da frequência de fenómenos meteorológicos e climáticos extremos
Para além de um aumento global das temperaturas globais, as observações mostram que o aquecimento global resultou em dias e noites mais quentes e/ou menos frios na maior parte das zonas terrestres; dias e noites quentes mais quentes e/ou mais frequentes na maior parte das zonas terrestres; um aumento da frequência e/ou duração dos períodos de calor/ondas de calor na maior parte das zonas terrestres (mas especialmente em grandes partes da

Europa, Ásia e Austrália); aumento da frequência, intensidade e/ou quantidade de precipitação intensa; aumento da intensidade e/ou duração das secas e aumento da ocorrência e/ou extensão da subida extrema do nível do mar.

6.3: As causas e os "motores" das alterações climáticas

6.3.1: O balanço energético da Terra

O aquecimento global, o aumento da temperatura média da Terra, sobretudo nos últimos 65 anos (desde 1950), deve-se ao impacto da atividade humana no balanço energético da Terra. O aquecimento global conduz a uma alteração do clima da Terra. A atmosfera da Terra é principalmente transparente à radiação solar de onda curta, transmitindo cerca de 70-75% da radiação recebida e absorvendo 25-30%, mas apenas 15-30% da radiação de onda mais longa da Terra é transmitida e 70-85% é absorvida pela atmosfera, como mostra a Figura 6.7.

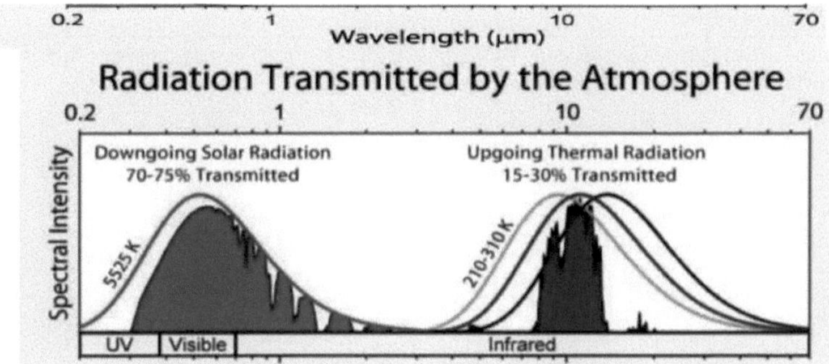

Figura 6. 7: Radiação transmitida pela atmosfera em função do comprimento de onda

Os gases com efeito de estufa (dióxido de carbono, metano, hidrocarbonetos halogenados e óxido nitroso) absorvem a radiação terrestre e um aumento das concentrações destes gases na atmosfera aumenta a quantidade de radiação.

a energia absorvida pela Terra. O balanço energético da Terra pode ser resumido da seguinte forma

Figura 6. 8.

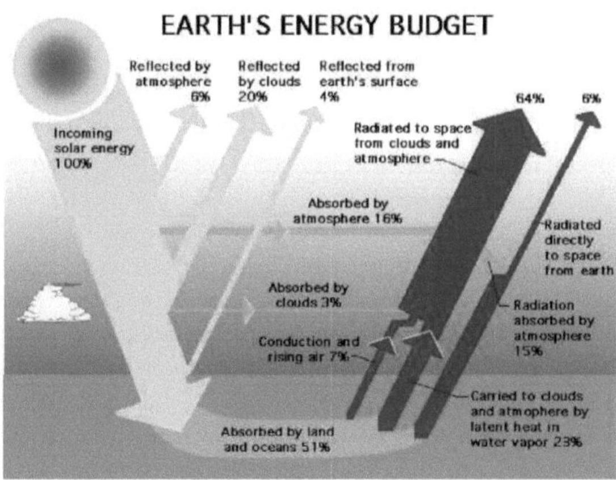

Figura 6.8: O balanço energético da Terra.

[2]As contribuições relativas dos vários factores que contribuem para a perturbação do balanço energético da Terra (forçamento radiativo, geralmente expresso em W/m) são as seguintes. Um valor positivo significa que o fator tem uma tendência para o aquecimento, um valor negativo significa que o fator tem uma tendência para o

aquecimento.

para as Alterações Climáticas (IPCC), 2013). O papel e as fontes dos factores
determinantes são discutidos nas secções seguintes.

6.2.1: Emissões atmosféricas, poluição do ar e emissões de gases com efeito de estufa

Emissões dos gases com efeito de estufa bem misturados: dióxido de carbono, metano,
óxido nitroso e hidrocarbonetos halogenados. As concentrações atmosféricas dos gases
com efeito de estufa dióxido de carbono (CO_2), metano (CH_4) e óxido nitroso (N_2O) aumentaram
desde 1750 devido às actividades humanas. Em 2011, as concentrações destes gases com
efeito de estufa eram de 391 ppm, 1803 ppb e 324 ppb, respetivamente, excedendo os
níveis pré-industriais em cerca de 40 %, 150 % e 20 %, respetivamente. Em meados de
2014, a concentração de CO2 na atmosfera atingiu 400 ppm.

As concentrações de CO_2, CH_4 e N_2O excedem agora largamente as concentrações mais
elevadas registadas nos núcleos de gelo nos últimos 800 000 anos. As **taxas** médias **de
aumento** das concentrações atmosféricas durante o último século não têm precedentes
nos últimos 22 000 anos. As emissões anuais de CO2 provenientes da combustão de
combustíveis fósseis e da produção de cimento foram, em média, de 8,3 GtC (30,4 GtCO2)
por ano no período de 2002-2011 e de 9,5 GtC (34,8 GtCO2) por ano em 2011, ou seja, 54%
acima dos níveis de 1990. Os valores de CO2 são expressos em "carbono" ou CO2; 1
tonelada C equivale a 3,67 toneladas de CO2. As emissões líquidas anuais de CO2
resultantes da alteração antropogénica do uso do solo foram, em média, de 0,9 GtC (3,3
GtCO2) por ano entre 2002 e 2011. No entanto, uma vez libertado, o CO2 permanece na
atmosfera durante centenas a milhares de anos. O mesmo se aplica ao aquecimento
global. O fator decisivo é, portanto, o total acumulado das emissões de CO2. Entre 1750
e 2011, as emissões de CO2 provenientes da combustão de combustíveis fósseis e da
produção de cimento libertaram 375 GtC (1375 tCO2) para a atmosfera, enquanto se estima
que a desflorestação e outras alterações do uso do solo tenham libertado 180 GtC (660
tCO2). Isto conduziu a emissões antropogénicas cumulativas

[9]Gt = 1 gigatonelada = 1 bilião de toneladas = 1x10 toneladas; 1 t C equivale a 3,67 t CO2. Destas emissões antropogénicas cumulativas de CO2, 240 GtC (880 GtCO2) acumularam-se na atmosfera, 155 GtC (568 tCO2) foram absorvidos pelos oceanos e 160 GtC (587 tCO2) acumularam-se nos ecossistemas terrestres naturais (ou seja, o sumidouro residual cumulativo no solo).

6.2.2: Emissões e fontes de CO2

[2]Com um forçamento radiativo de 1,68 W/m, as emissões de CO2 são o maior fator (impulsionador) do aquecimento global. A combustão de combustíveis fósseis, o carvão para a produção de eletricidade e os hidrocarbonetos líquidos (gasolina e gasóleo) para o transporte rodoviário e a produção de cimento (Figura 9), são as principais fontes de emissões globais de CO2. As emissões globais de CO2 atingiram um novo máximo de 35,3 mil milhões de toneladas (Gt) de CO2 em 2013 (Oliver et al., 2014). A Figura 10 mostra as emissões globais de CO2 por região em 2013. Devido ao crescimento comparativamente rápido da China e de outros países em desenvolvimento nos últimos 10-15 anos, combinado com a sua dependência contínua dos combustíveis fósseis para a energia e os transportes, a sua quota de emissões totais de CO2 aumentou significativamente.

6.2.3: Emissões e fontes de metano (CH4)

[2]Com um forçamento radiativo de +0,97 W/m, as emissões de CH4 são o segundo maior fator (impulsionador) do aquecimento global. As concentrações de CH4 aumentaram 2,5 vezes desde os tempos pré-industriais, de 722 ppb (0,722 ppm) em 1750 para 1803 ppb

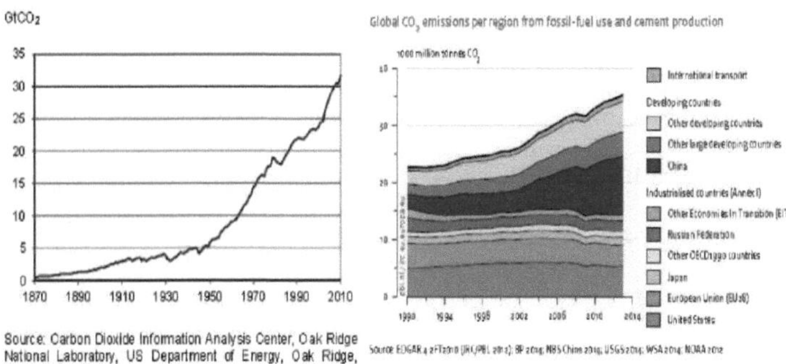

Figura 6. 9: Emissões de CO2 provenientes da produção de combustíveis fósseis, 1870 a 2010 (Fonte: IEA. Emissões de CO2 dos combustíveis

Figura 6. 10: Emissões globais de CO2, por região, provenientes da utilização de combustíveis fósseis e da produção de cimento.

(1,833 ppm) em 2011 (AR5: Resumo Técnico. P52.). As emissões antropogénicas (produzidas pelo homem) resultantes do rápido aumento do número de cabeças de gado, da extração de gás natural (incluindo o fracking) e das emissões provenientes do cultivo de arroz, dos aterros e dos resíduos são responsáveis por 50-65% do total das emissões de metano.

6.2.4: Emissões de óxido de azoto (N2O)

Desde os tempos pré-industriais, a concentração de N O na atmosfera aumentou por um fator de 1,2. As alterações no ciclo do azoto e as interacções com as fontes e sumidouros de CO2 influenciam as emissões de N2O, tanto em terra como no mar. A nível mundial, cerca de 40% das emissões totais de N2O provêm de actividades humanas. O óxido nitroso é emitido pela agricultura, pelos transportes e pela indústria. Na agricultura, o óxido nitroso é libertado quando são utilizados fertilizantes artificiais que contêm azoto. O óxido nitroso é também libertado quando o azoto é decomposto no estrume e na urina do gado. Nos transportes, o óxido nitroso é libertado durante a combustão de combustíveis em automóveis e camiões. Na indústria, o óxido nitroso é produzido como subproduto no fabrico de ácido nítrico, que é utilizado para fazer fertilizantes comerciais sintéticos, e na produção de ácido adípico, que é utilizado para fazer fibras como o nylon e outros produtos sintéticos (Agência de Proteção Ambiental dos Estados Unidos (EPA), 2015). Os dados históricos mostram que as concentrações de três gases com efeito de estufa (CO2, CH4 e N2O) aumentaram rapidamente desde o início da revolução industrial (cerca de 1750) e ainda mais rapidamente nas últimas décadas (Agência de Proteção do Ambiente dos Estados Unidos (EPA) 2015).

6.2.5: Halocarbonetos

Os hidrocarbonetos halogenados são moléculas de hidrocarbonetos que contêm um ou mais átomos de halogéneo (cloro, bromo, flúor ou iodo). Muitos dos halocarbonetos têm um potencial de aquecimento global (PAG) elevado ou extremamente elevado em comparação com o CO2 durante um período de tempo, até 23900 para o hexafluoreto de silício. Os hidrocarbonetos halogenados produzidos incluem compostos utilizados como óleos de transformador (que já não são utilizados), como refrigerantes, como retardadores de chama e como solventes. Devido às suas propriedades de empobrecimento da camada de ozono, a produção de alguns halocarbonetos foi progressivamente eliminada ou restringida ao abrigo do Protocolo de Montreal, enquanto a produção e, consequentemente, a libertação de outras substâncias para a atmosfera continua. Embora as concentrações de halocarbonetos sejam relativamente baixas em comparação com o metano (PAG=25) ou o óxido nitroso (PAG=298), o seu impacto no forçamento radiativo é significativo devido aos seus elevados valores de PAG, conforme ilustrado na Figura 6.11.

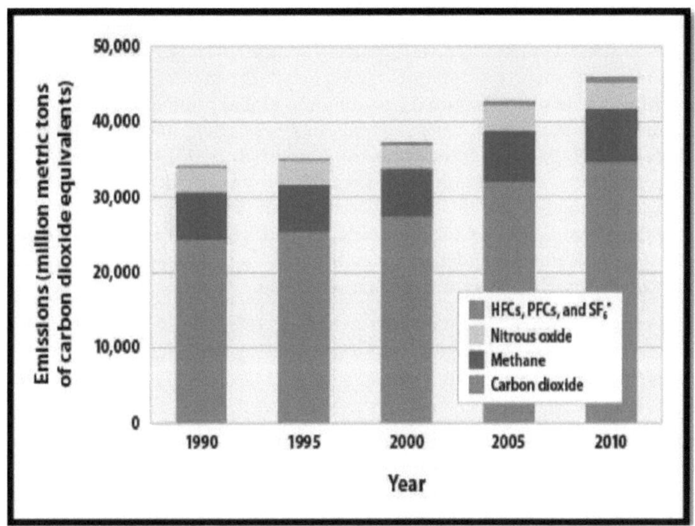

Figura 6.11: Emissões de dióxido de carbono equivalente de CO_2, CH_4, N_2O e halocarbonetos: 1990 a 2010 Fonte: Agência de Proteção Ambiental dos Estados Unidos (EPA), 2015.

6.2.6: Desflorestação, alterações na utilização dos solos

Parte-se do princípio de que uma alteração na utilização dos solos, como a desflorestação, aumenta o albedo da superfície (ou seja, a proporção da radiação incidente que é reflectida e não absorvida), ou seja, parte-se do princípio de que a desflorestação tem um impacto negativo (-0,15 W/m2). No entanto, há incertezas quanto ao facto de o sinal ser negativo ou positivo em comparação com a época pré-industrial. A desflorestação também tem o efeito de reduzir a absorção de CO2. As emissões líquidas anuais de CO2 resultantes de alterações antropogénicas do uso do solo foram, em média, de 0,9 GtC (3,3 GtCO2) por ano entre 2002 e 2011.

6.2.7: Emissões de carbono por país, per capita, por sector, etc. e por produção e consumo

A contribuição de um país para o aquecimento global pode ser avaliada através das suas emissões totais de CO2, das suas emissões per capita ou das suas emissões por unidade de PIB (produto interno bruto), Quadro 1, dados de 2012. Os valores do PIB são medidos em paridade do poder de compra (PPC), que tenta eliminar as diferenças cambiais. Note-se que a África do Sul ocupa o terceiro lugar na coluna da direita das emissões de CO2 por unidade de PIB, a seguir à Ucrânia e à Federação Russa, devido à sua dependência do carvão para a produção de eletricidade e dos combustíveis fósseis para o transporte rodoviário.

Quadro 6.1: Intensidade das emissões de CO2 em regiões e países seleccionados:

Region/country/economy	Population (million)	GDP (PPP) (billion 2005 US$)	CO_2 emissions (Mt CO_2)	CO_2/pop. (tCO_2/capita)	CO_2/GDP(PPP) (kgCO_2/2005USD)
World	7 037	82 901	31 734	4.51	0.38
Africa	1 083	4 177	1 032	0.95	0.25
Ukraine	45.6	338.6	281.1	6.2	0.83
Russia	143.5	2178.4	1659.0	11.6	0.76
South Africa	52.3	558.7	376.1	7.2	0.67
China	1358.0	13289.0	8251.0	6.1	0.62
United States	314.3	14231.6	5074.1	16.2	0.36

Uma vez que o dióxido de carbono persiste durante várias centenas a milhares de anos, as actuais concentrações de CO2 na biosfera são o resultado da acumulação histórica de emissões de CO2 desde o início da era industrial. A lista de emissões acumuladas por país fornece informações sobre a contribuição histórica de cada país ou região para as alterações climáticas (ver Figura 6.12).

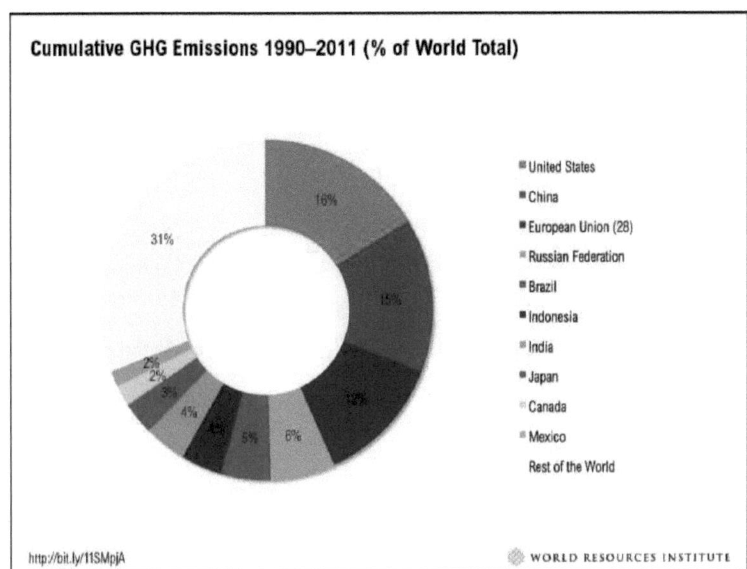

Figura 6.12: Emissões cumulativas de CO2, em percentagem, por país.
(Fonte: WRI).

Quando se calculam as emissões cumulativas de CO2 por pessoa, a contribuição dos países com baixos rendimentos é muito inferior à dos países com rendimentos elevados. Isto significa que os países industrializados com rendimentos elevados têm uma quota-parte muito maior da responsabilidade histórica pelas alterações climáticas.

*"As emissões acumuladas do período pré-industrial (1750-2013) atingiram 580 ±75 GtC. Trata-se de uma atualização da estimativa do IPCC de 1750-2011 de 555 [470 - 640] GtC para incluir as emissões de 2012-2013 e uma revisão das emissões do uso do solo do início do século XX. O IPCC estima que, com emissões cumulativas de **1000 GtC, há** uma probabilidade de dois terços de manter o aquecimento abaixo dos 2°C em relação às temperaturas pré-industriais. Para manter o aquecimento abaixo dos dois graus, as emissões totais de CO2 devem manter-se abaixo deste objetivo. Abaixo de*

 (Global Carbon Budget, 2014).

O limite superior de 1000 GtC corresponde a 3.670 Gt co2. Como vimos no módulo da energia, as emissões globais de CO2 são dominadas pelos sectores da energia e dos transportes, que queimam combustíveis fósseis. As emissões de CO2 da África do Sul por sector reflectem o mesmo padrão (Figura 6.13), com a produção de eletricidade a representar 60,7% das emissões totais, os transportes rodoviários 8,1% e o processo de transformação de carvão em líquidos para combustíveis de transporte 5,0%.

Figura 6.13: Emissões de gases com efeito de estufa da África do Sul por sector, 2010.

Dados: Inventário de emissões de GEE, 2010.

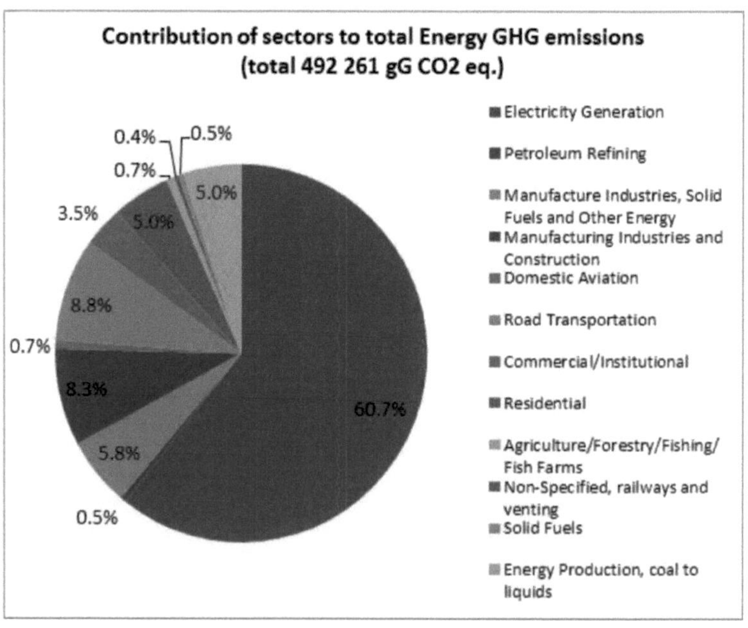

A eficiência energética pode ser melhorada em todos os sectores da economia, mas as emissões de gases com efeito de estufa da África do Sul não podem ser reduzidas na medida do necessário, a menos que haja uma rápida mudança da dependência dos combustíveis fósseis para a produção de eletricidade e os transportes rodoviários.

6.4 Impactos actuais e futuros prováveis (impacto e vulnerabilidade)

6.4.1: Recursos hídricos

Prevê-se que as alterações no ciclo hidrológico global em resposta ao aquecimento do século XXI continuem. O contraste da precipitação entre regiões húmidas e secas e entre estações húmidas e secas aumentará, embora possa haver excepções regionais (ver Figura 6.14).

Figura 6.14: Alterações na precipitação média em resultado das alterações climáticas (fonte AR5 SPM Final).

"Nas latitudes elevadas e no Pacífico equatorial, é provável que a precipitação média anual aumente até ao final deste século, de acordo com o cenário RCP8.5. Em muitas regiões secas de latitude média e subtropicais, é provável que a precipitação média diminua,

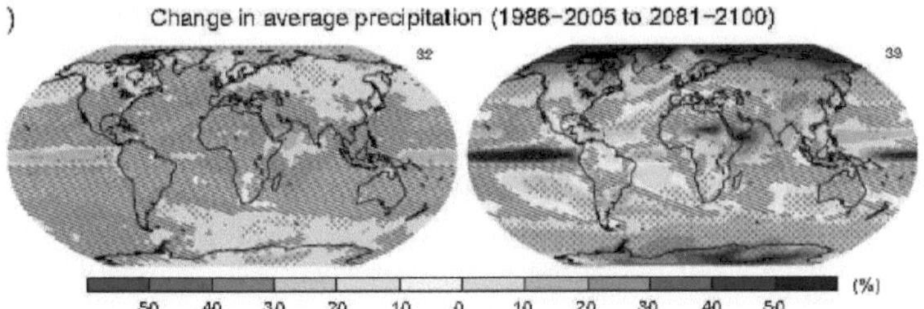

enquanto em muitas regiões húmidas de latitude média é provável que a precipitação média aumente até ao final deste século, de acordo com o cenário RCP8.5. É muito provável que os fenómenos extremos de precipitação na maioria das massas terrestres de latitude média e nas regiões tropicais húmidas se tornem mais intensos e frequentes até ao final deste século, à medida que a temperatura média global à superfície aumenta. É provável que a área dos sistemas de monção aumente a nível mundial no século XXI. Embora seja provável que os ventos das monções enfraqueçam, é provável que a precipitação das monções aumente devido ao aumento da humidade atmosférica. É provável que as datas de início das monções sejam mais cedo ou sofram apenas ligeiras alterações. É provável que as datas de retirada das monções se atrasem, levando a um prolongamento da estação das monções em muitas regiões." (Painel Intergovernamental sobre as Alterações Climáticas (IPCC), 2013).

É de notar que a precipitação média em grande parte do mundo, incluindo partes da África Austral, já diminuiu 10-20% - uma tendência que se prevê que continue nas próximas décadas. A redução da precipitação, combinada com o aumento das temperaturas, é suscetível de ter um impacto na disponibilidade dos recursos hídricos e na viabilidade da agricultura atual na região.

6.4.2: Segurança alimentar e soberania alimentar

A Organização das Nações Unidas para a Alimentação e a Agricultura (FAO) define *a segurança alimentar* como o acesso individual seguro a alimentos suficientes. Esta definição não tem em conta o contexto em que os alimentos são produzidos ou a forma como são produzidos, nem a marginalização e o empobrecimento dos produtores de alimentos de subsistência e de pequena escala devido ao domínio de um pequeno número de empresas multinacionais do sector alimentar na produção e distribuição globais de alimentos. A OMS define "segurança alimentar" de forma semelhante: "*quando todas as pessoas têm acesso, em qualquer momento, a alimentos suficientes, seguros e nutritivos para levar uma vida saudável e ativa*". Em 2014, havia 790 milhões de pessoas que não tinham uma fonte segura de alimentos de acordo com esta definição.

O conceito de *soberania alimentar, por* outro lado, é definido como "*comunidades que têm controlo sobre a forma como os alimentos são produzidos, comercializados e consumidos. Isto poderia criar um sistema alimentar que beneficiasse as pessoas e o ambiente em vez de gerar lucros para as corporações multinacionais. O movimento de soberania alimentar é uma aliança global de agricultores, produtores, consumidores e activistas*". (globaljustice.org.uk) Embora não existam estatísticas globais, pode presumir-se que um número muito maior de pessoas não tem soberania alimentar, no sentido em que tem acesso aos alimentos e controlo sobre o processo de produção alimentar.

A ficha de informação da CQNUAC avalia o impacto provável das alterações climáticas na agricultura e na segurança alimentar do seguinte modo

- A degradação dos solos e dos recursos hídricos representa um enorme ónus para a segurança alimentar da população em crescimento. Estas condições podem ser agravadas pelas alterações climáticas.
- O impacto no rendimento e na produtividade das culturas será muito variável. O stress térmico adicional, a mudança das monções e os solos mais secos podem reduzir os rendimentos até um terço nas regiões tropicais e subtropicais, onde as culturas já estão no limite da sua tolerância ao calor. As zonas do centro do continente, como a cintura cerealífera dos EUA, grande parte da Ásia de latitude média, a África Subsariana e partes da Austrália, irão provavelmente registar condições mais secas e quentes. Entretanto, estações de crescimento mais longas e um aumento da precipitação poderão aumentar os rendimentos em muitas regiões temperadas; os registos mostram que a estação já se prolongou no Reino Unido, na Escandinávia, na Europa e na América do Norte.
- As temperaturas mais elevadas afectarão os padrões de produção. O crescimento e a saúde das plantas podem beneficiar de menos geadas e arrefecimento, mas algumas culturas podem ser afectadas por temperaturas mais elevadas, especialmente se forem acompanhadas de escassez de água. Certas ervas daninhas podem alargar a sua área de distribuição a habitats de latitude mais elevada. Há também alguns indícios de que a propagação de insectos e doenças das plantas aumentará o risco de perdas de colheitas.
- A humidade do solo é influenciada por alterações nos padrões de precipitação. °Com base num aquecimento global de 1,4 - 5,8 C nos próximos 100 anos, os modelos climáticos prevêem que tanto a evaporação como a precipitação aumentarão, assim como a frequência de chuvas fortes. Embora

algumas regiões possam tornar-se mais húmidas, noutras o efeito líquido de um ciclo hidrológico mais intenso será a perda de humidade do solo e o aumento da erosão. Algumas regiões já propensas à seca poderão sofrer secas mais longas e mais graves. Os modelos prevêem também alterações sazonais nos padrões de precipitação: Em algumas regiões continentais de latitude média, a humidade do solo diminuirá no verão, enquanto a chuva e a neve nas latitudes elevadas aumentarão provavelmente no inverno.

- A presença de mais dióxido de carbono na atmosfera poderá aumentar a produtividade. No entanto, estes efeitos positivos poderão ser reduzidos por alterações concomitantes da temperatura, da precipitação, das pragas e da disponibilidade de nutrientes.

- A produtividade das pastagens e das zonas de pastagem também seria afetada. Por exemplo, a criação de gado tornar-se-ia mais dispendiosa se as perturbações na agricultura conduzissem a um aumento dos preços dos cereais. Em geral, parece que *os sistemas pecuários geridos de forma intensiva podem adaptar-se mais facilmente às alterações climáticas do que os sistemas aráveis.* No entanto, este não é o caso dos sistemas pastoris, em que as comunidades tendem a ser mais lentas a adotar novas práticas e tecnologias e em que o número de animais depende mais da produtividade e da qualidade das pastagens, que podem deteriorar-se.

- Os riscos para a segurança alimentar são essencialmente locais e nacionais. Os estudos sugerem que a produção agrícola mundial poderia ser mantida nos próximos 100 anos com alterações climáticas moderadas (menos de 2°C de aquecimento) em comparação com o nível de referência previsto. Contudo, os impactos regionais seriam muito variáveis e alguns países poderiam registar perdas de produção, mesmo que adoptassem medidas de adaptação. Esta conclusão tem em conta os efeitos positivos da fertilização com CO2, mas não outros impactos potenciais das alterações climáticas, incluindo alterações nas pragas agrícolas e nos solos.

- As pessoas sem terra, pobres e isoladas são as mais vulneráveis. As más condições comerciais, as fracas infra-estruturas, a falta de acesso à tecnologia e à informação e os conflitos armados farão com que seja difícil para estas pessoas fazer face às consequências agrícolas das alterações climáticas. *Muitas das zonas mais pobres do mundo, que dependem de sistemas agrícolas isolados em regiões semi-áridas e áridas, são as mais vulneráveis.* Muitas destas populações vulneráveis vivem na África Subsariana, no Sul, no Leste e no Sudeste Asiático, em zonas tropicais da América Latina e em alguns Estados insulares do Pacífico.

- Os efeitos negativos das alterações climáticas podem ser limitados através de alterações nas culturas e variedades, de uma melhor gestão da água e dos sistemas de irrigação, de planos de plantação e práticas de lavoura adaptados e de uma melhor gestão das bacias hidrográficas e planeamento da utilização dos solos. Para além das respostas fisiológicas das plantas e dos animais, as medidas políticas podem ter por objetivo melhorar os sistemas de produção e distribuição para fazer face às flutuações de rendimento. Os agricultores de subsistência e os pequenos agricultores são muito mais vulneráveis aos efeitos das alterações climáticas e dispõem de opções limitadas para se adaptarem às condições variáveis.

6.4.3: Ecossistemas e biodiversidade

De acordo com a Agência de Proteção Ambiental dos Estados Unidos (EPA), 2010, Factsheets: As alterações climáticas podem ter efeitos de grande alcance na biodiversidade (o número e a variedade de espécies vegetais e animais num determinado local). Embora as espécies se tenham adaptado às alterações ambientais durante milhões de anos, um clima em rápida mudança pode exigir uma adaptação numa escala maior e mais rápida do que no passado. As espécies que não se conseguem adaptar estão ameaçadas de extinção. Mesmo a perda de uma única espécie pode ter efeitos em cascata, uma vez que os organismos estão interligados através de teias alimentares e outras interacções. Os oceanos e a atmosfera estão em constante interação - trocam calor, água, gases e partículas. Quando a atmosfera aquece, o oceano absorve parte desse calor. A quantidade de calor armazenada pelo oceano influencia a temperatura do oceano, tanto à superfície como a grandes profundidades. O aquecimento dos oceanos pode afetar e alterar o habitat e a base alimentar de muitas espécies de vida marinha, desde o plâncton até aos ursos polares. Os oceanos também absorvem o dióxido de carbono da atmosfera. Depois de se dissolver no mar, o dióxido de carbono reage com a água do mar formando ácido carbónico. Um oceano cada vez mais ácido pode ter efeitos negativos na vida marinha, como os recifes de coral. Embora algumas florestas possam beneficiar, a curto prazo, de um período de crescimento mais longo, prevê-se que as alterações climáticas favoreçam os incêndios florestais, prolongando a época de incêndios no verão. Períodos mais longos de calor poderão causar stress nas árvores e torná-las mais susceptíveis a incêndios florestais, danos causados por insectos e doenças. É provável que as alterações climáticas já tenham conduzido a um aumento da dimensão e do número de incêndios florestais, de infestações por insectos e da mortalidade das árvores, sobretudo no Alasca e no Oeste. A área ardida nas florestas do Oeste dos EUA de 1987 a 2003 é quase sete vezes superior à área ardida de 1970 a 1986. Nos últimos 30 anos, a duração da época de incêndios florestais no Oeste aumentou 78 dias. À medida que a temperatura, a precipitação e outras condições se alteram, as espécies que melhor se adaptam às novas condições prosperam, retirando frequentemente alimentos e recursos às outras. Algumas das espécies que prosperam podem ser invasoras (não nativas de uma região) e podem deslocar gradualmente ou mesmo erradicar as espécies nativas. O momento de muitos acontecimentos naturais, como o desabrochar das flores e a migração dos animais, está ligado a factores climáticos como a temperatura, a humidade e a quantidade de luz do dia. As alterações dos padrões meteorológicos e os fenómenos extremos associados às alterações climáticas podem perturbar estes padrões naturais. Estas perturbações podem, por sua vez, afetar o comportamento sazonal e as interacções entre espécies. Por exemplo, se as aves migrarem e puserem os seus ovos demasiado cedo, as crias podem não dispor de um abastecimento alimentar suficiente. Enquanto alguns animais e plantas conseguem adaptar os seus ciclos de vida às alterações climáticas, outras espécies podem não ser tão bem sucedidas.

6.4.4: Povoações e sociedade humana

De acordo com o Painel Intergovernamental sobre as Alterações Climáticas (IPCC) em 1995, as alterações climáticas ocorrerão num contexto de outros factores ambientais e socioeconómicos não relacionados com o clima que podem exacerbar ou atenuar os efeitos das alterações climáticas. Os efeitos das alterações climáticas nos aglomerados humanos podem ser tanto indirectos como directos. Os impactos directos da subida do nível do mar e dos fenómenos extremos são significativos nas zonas costeiras e nos Estados insulares. No entanto, é provável que muitos dos impactos das alterações climáticas nas aglomerações humanas se façam sentir indiretamente através de impactos noutros sectores, como as alterações no abastecimento de água, na produtividade agrícola e na migração humana. Os limiares para além dos quais os impactes aumentam rapidamente dependem da situação local e, em geral, do grau de capacidade de adaptação. Os aglomerados humanos mais ameaçados pelas alterações climáticas situar-se-ão provavelmente em locais já afectados por um elevado crescimento demográfico, urbanização e degradação ambiental. Para além das ilhas, das comunidades costeiras e das comunidades dependentes da agricultura marginal de sequeiro ou da pesca comercial, tal como referido em relatórios anteriores, os aglomerados populacionais vulneráveis incluem também as grandes cidades costeiras e, em especial, os aglomerados populacionais em planícies aluviais e em declives acentuados. Prevê-se um potencial significativo de inundações não costeiras (inundações de bacias hidrográficas e inundações urbanas) se a intensidade da precipitação aumentar em certos casos em resultado das alterações climáticas. Muitos dos impactos esperados nos países em desenvolvimento dever-se-ão ao facto de as alterações climáticas poderem acelerar a migração das zonas rurais para as zonas urbanas, reduzindo a produtividade dos recursos naturais nas zonas rurais, agravando as cidades já sobrelotadas e esgotando ainda mais a mão de obra rural. Cerca de 45% da população mundial vive em zonas costeiras, especialmente nas grandes cidades. Mesmo nos países mais desenvolvidos, as tempestades já estão a causar estragos nas cidades costeiras, afectando frequentemente os mais vulneráveis. Os furacões Katrina e Sandy custaram aos Estados Unidos 149 mil milhões de dólares, 50% mais do que o financiamento mundial do clima nos países em desenvolvimento. O impacto nas cidades costeiras dos países em desenvolvimento será ainda maior, mesmo que haja menos recursos disponíveis para resolver os problemas (Programa das Nações Unidas para o Desenvolvimento (PNUD), 2014). Muito mais pessoas vivem em cidades do interior localizadas em rios.

6.4.5: Saúde humana

[st]Em 2009, a revista The Lancet apelou à criação de uma comissão sobre as alterações climáticas, descrevendo-as como "a maior ameaça global à saúde do século XXI" e apelando a uma resposta global. As alterações climáticas e o seu rápido desenvolvimento nas últimas décadas, juntamente com a pobreza, a desigualdade e as doenças infecciosas e não transmissíveis, representam um grande desafio para a saúde pública. Além disso, os países mais pobres serão os que mais sofrerão com as consequências das alterações climáticas, apesar de

serem os que menos contribuíram para as emissões. As alterações climáticas foram responsáveis pela perda de 5,5 milhões de anos de vida ajustados por incapacidade em 2000. *A revista Lancet* sublinhou o provável impacto negativo das alterações climáticas nas determinantes sociais da saúde (lancet.com)

"Os danos que a sociedade moderna está a infligir ao ambiente são talvez um dos riscos de saúde mais injustos do nosso tempo. A pegada de carbono dos mil milhões de pessoas mais pobres representa cerca de 3% da pegada total do mundo; no entanto, estas comunidades são as mais vulneráveis às alterações climáticas... É provável que os impactos negativos na saúde sejam maiores nos países de baixo rendimento e entre as pessoas pobres das zonas urbanas, os idosos, as crianças, as sociedades tradicionais, os agricultores de subsistência e os habitantes das zonas costeiras. Prevê-se que a perda de anos de vida saudável devido às alterações ambientais globais (incluindo as alterações climáticas) seja 500 vezes superior nas populações africanas pobres do que nas populações europeias. As diferenças observadas devem-se a vários factores: diferenças regionais nas alterações climáticas previstas, sua magnitude e natureza, diferentes vulnerabilidades (por exemplo, níveis existentes de stress térmico e alimentar e exposição a vectores de doenças) e diferentes capacidades de adaptação às condições em mudança (relacionadas com a governação e os recursos a nível nacional e o rendimento individual). Estas diferenças nos impactos das alterações climáticas devem-se às desigualdades económicas, sociais e sanitárias existentes."

Estas alterações dos padrões de doença e mortalidade, fenómenos extremos, alimentação, água, abrigo e população são, por conseguinte, consideradas como seis vias que ligam as alterações climáticas à saúde.

6.4.6: Alimentação

As alterações climáticas ameaçam a saúde humana devido ao seu impacto na subnutrição e na insegurança alimentar. Estima-se que a subnutrição crónica e aguda das crianças, o baixo peso à nascença e o aleitamento materno insuficiente sejam a causa da morte de 3,5 milhões de mães e bebés todos os anos. Além disso, uma em cada três crianças com menos de 5 anos nos países em desenvolvimento sofre de atraso de crescimento devido à subnutrição crónica. As alterações climáticas irão agravar a atual insegurança alimentar". O número de mortes por desnutrição agravar-se-á à medida que as alterações climáticas afectarem as culturas, a silvicultura, a pecuária, a pesca, a aquicultura e os sistemas hídricos. O aumento dos fenómenos meteorológicos extremos irá prejudicar as colheitas e afetar a agricultura. A subida do nível do mar e as inundações das zonas costeiras provocarão a salinização ou a contaminação da água doce e dos terrenos agrícolas, bem como a perda de zonas de viveiro para a pesca. A seca, a alteração dos padrões das doenças das plantas e dos animais e das infestações por parasitas, a redução do rendimento da produção animal, a diminuição do rendimento das culturas, a redução da produtividade das florestas e as alterações nas populações aquáticas afectarão a produção e a segurança alimentares.

6.4.7: Água e instalações sanitárias

O acesso seguro e fiável a água potável e a um bom saneamento é essencial para uma boa saúde. Os principais impactos da falta de acesso à água potável e ao saneamento na saúde são as doenças diarreicas e outras doenças causadas por contaminação biológica ou química. A má drenagem nas povoações aumenta a exposição à água contaminada e proporciona um habitat para os mosquitos, levando a um aumento da incidência de doenças transmitidas pela água e por vectores. À medida que os padrões de precipitação e temperatura se alteram nas próximas décadas, é provável que o fornecimento de água potável, um bom saneamento e a drenagem se tornem ainda mais complicados do que são atualmente. Os padrões temporais regionais de precipitação também poderão alterar-se: O problema não reside apenas em secas prolongadas, mas também em chuvas intensas de uma só vez, seguidas de menos precipitação. Atualmente, mais de um sexto da população mundial vive em zonas de captação de água alimentadas por glaciares que estão em risco devido às alterações climáticas. Prevê-se que o degelo crescente dos glaciares conduza a uma redução acentuada da disponibilidade de água. Prevêem-se picos de escoamento elevados nos rios alimentados por glaciares num futuro próximo, à medida que a massa dos glaciares diminui a um ritmo acelerado, seguido de um declínio dramático do escoamento e da disponibilidade de água doce à medida que os glaciares *desaparecem* gradualmente.

6.4.8: Alojamento e aglomerados humanos

A abordagem dos impactos das alterações climáticas na saúde no contexto dos abrigos e dos aglomerados humanos exige não só abrigos de emergência seguros para as pessoas deslocadas ou afectadas pela variabilidade climática, mas também aglomerados humanos preparados para o futuro ambiente com alterações climáticas.

6.4.9: Acontecimentos extremos

As catástrofes de grandes proporções causadas por fenómenos naturais extremos e a saúde estão diretamente ligadas, em especial no que se refere às catástrofes relacionadas com as condições meteorológicas, cujo número e gravidade deverão aumentar num mundo mais quente. Os problemas de saúde associados podem resultar da perda ou contaminação da água potável, que conduz a doenças, e da destruição de culturas, que conduz à escassez de alimentos, à má nutrição e à subnutrição. Os problemas de saúde são exacerbados pelo colapso geral das infra-estruturas, nomeadamente dos sistemas de abastecimento de água, de saneamento e de esgotos.

6.4.10: População e migração

O crescimento demográfico irá interagir com as alterações climáticas de uma forma que exacerba vários outros mecanismos, em especial a escassez de abrigo, alimentos e água. O crescimento demográfico representa também um encargo adicional para os sistemas de saúde, já de si fracos, e agrava a vulnerabilidade aos impactos negativos das alterações climáticas na saúde. Independentemente do crescimento demográfico, é provável que os grandes movimentos populacionais aumentem à medida que as alterações climáticas levem ao abandono de zonas inundadas ou secas e inóspitas.

6.5 O Protocolo de Quioto

A CQNUAC não contém quaisquer objectivos específicos de redução das emissões. O Protocolo de Quioto (PQ) foi adotado em 11 de dezembro de 1997 em Quioto, no Japão. Continha objectivos de emissão, mas só entrou em vigor em 16 de fevereiro de 2005, quando a Federação Russa ratificou o protocolo, atingindo a barreira dos países responsáveis por 55% do total das emissões globais. O Protocolo de Quioto compromete legalmente os países industrializados com objectivos de redução de emissões. Os Estados Unidos assinaram o Protocolo de Quioto, mas até agora recusaram-se a ratificá-lo, o que significa que não estão vinculados aos objectivos de emissões. Em 2012, o Canadá retirou-se do Protocolo de Quioto. O primeiro período de compromisso do Protocolo começou em 2008 e terminou em 2012, enquanto o segundo período de compromisso começou em 1 de janeiro de 2013 e terminará em 2020. A CQNUAC e o Protocolo de Quioto não conseguiram travar o aumento das emissões globais de CO2, que aumentaram em média 1,9% por ano entre 1990 e 2012. O apoio financeiro e a transferência de tecnologia para os países em desenvolvimento têm ficado sempre aquém das necessidades. As empresas transnacionais sediadas nos países industrializados deslocalizaram para os países em desenvolvimento grandes indústrias com utilização intensiva de energia e emissões, em muitos casos sem transferir a tecnologia mais eficiente do ponto de vista energético, mas mais dispendiosa. Em consequência, as emissões nos países enumerados no Anexo I estabilizaram mais ou menos ao nível de 1990.

Embora as emissões globais de CO2 tenham mais ou menos estabilizado aos níveis de 1990 (quando são tidos em conta os créditos e sumidouros internacionais de carbono), as emissões globais de CO2 continuaram a aumentar, passando de 21,0 GtCO2 em 1990 para 31,7 GtCO2 em 2012, um aumento global de 51,3 % (ver Figura 6.15).

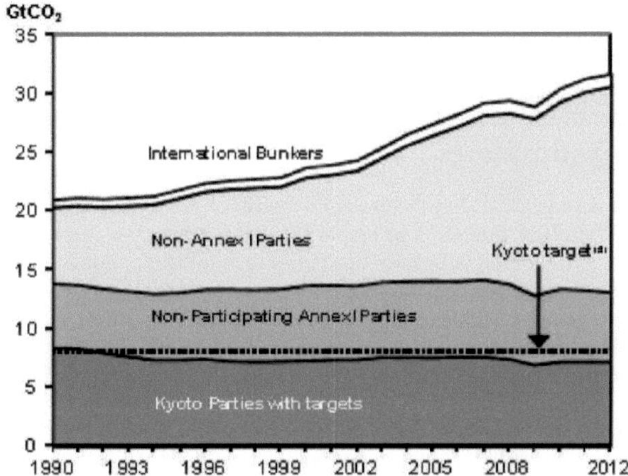

Figura 6.15: Emissões de CO2 tal como definidas pelo Protocolo de Quioto, 1990 a 2012 (Fonte: IEA. Emissões de CO2 provenientes da combustão de combustíveis 2014).

No período 1990-2012, o desempenho de cada país em relação aos objectivos é muito inconsistente (ver Quadro 6.2).

Quadro 6.2: Países e regiões seleccionados com emissões de CO2 provenientes da combustão de combustíveis fósseis e objectivos do Protocolo de Quioto.

Country/region	1990 MtCO₂	2012 MtCO₂	% change	Kyoto target
E Union -15	3082.7	2827.1	-8.3%	-8%
Australia	260.5	386.3	48.3%	8%
Japan	1056.7	1223.3	15.8%	-6%
Russia	2178.8	1659	-23.9%	0%
Ukraine	687.9	281.1	-59.1%	0%
Canada	428.2	533.7	24.6%	-6%
United States	4868.7	5074.1	4.2%	-7%

O Departamento de Assuntos Ambientais (DoE) da África do Sul publicou um livro branco em que expõe os seus pontos de vista sobre o cumprimento das suas responsabilidades internacionais em relação às alterações climáticas. Propõe a gestão das emissões de acordo com uma abordagem de "orçamento de carbono", de modo a que atinjam o seu pico entre 2020 e 2025, permaneçam mais ou menos no mesmo nível durante 10 anos (até 2030 a 2035) e depois diminuam até 2050. Embora o melhor cenário (do ponto de vista da minimização do impacto climático) seja que as emissões atinjam um pico de 398 GtCO2 eq antes de diminuírem para 212 GtCO2 eq, este cenário já é impossível, uma vez que as emissões actuais são de cerca de 550 GtCO2 eq. O cenário "Limite superior" prevê que as emissões atinjam um pico de 614 GtCO2 eq e depois desçam para 428 GtCO2 eq até 2050. O Governo não apresentou um plano para atingir o seu objetivo de emissões. Embora tenha anunciado um programa alargado de aquisição de energias renováveis, também incluiu novas centrais eléctricas a carvão no seu programa IPP, para além das grandes centrais eléctricas a carvão Medupi e Kusile, que estão atualmente em construção.

6.6 Interesses das empresas e dos países no comportamento dos consumidores

A indústria do carvão e do petróleo é responsável por quase todas as emissões de CO2 a nível mundial, que são a principal causa das alterações climáticas. A extração, a refinação e a comercialização do petróleo são dominadas por um número relativamente pequeno de grandes empresas transnacionais e empresas estatais que, em conjunto, geram receitas anuais de triliões de dólares (EUA). A indústria global do carvão é igualmente grande, embora seja mais nacional do que transnacional. Em países como os EUA, a Austrália e a África do Sul, a indústria do carvão tem um forte lobby devido ao seu domínio no fornecimento de energia e às suas ligações ao governo, que podem influenciar a política governamental. A indústria automóvel baseada nos combustíveis fósseis é também dominada por um punhado de grandes empresas. As três principais indústrias têm interesse em assegurar que as suas indústrias continuem a existir na sua forma atual. As indústrias do petróleo e do carvão encaram as suas reservas de combustíveis fósseis (petróleo e carvão inexplorados) como enormes activos que só podem ser rentabilizados através da extração e venda. As reservas mundiais de carvão estão estimadas em cerca de 1 trilião de toneladas, o que, a preços actuais, é suficiente para cerca de 110 anos de consumo; as reservas mundiais de petróleo ascendem a cerca de 1700 mil milhões de barris (239,8 mil milhões de toneladas), o que, a preços actuais, é suficiente para cerca de 53 anos de consumo (BPWES, 2014). Estas reservas estão avaliadas em triliões de dólares aos preços actuais; só a indústria mundial do petróleo e do gás gera receitas *anuais* de cerca de 4 triliões de dólares. Se as reservas mundiais de carvão, petróleo e gás forem queimadas, as emissões de CO2 conduzirão a alterações climáticas "perigosas", se não catastróficas. Se o mundo quiser evitar alterações climáticas "perigosas", a indústria dos combustíveis fósseis deve ser progressivamente eliminada nas próximas décadas para garantir que o "orçamento de carbono" mundial, o total acumulado das emissões de CO2, não exceda 1000 GtC (3670 GtCO2). Entre o início da revolução industrial, em 1750, e o final de 2014, foram emitidas cerca de 1480 GtCO2, quase metade do orçamento de carbono, tendo cerca de metade desta quantidade sido libertada nos últimos 30 anos. Acabar com a dependência mundial dos combustíveis fósseis para a produção de energia reduziria drasticamente o valor destas reservas. Por outro lado, se o mundo não reduzir a sua dependência dos combustíveis fósseis, o valor das reservas remanescentes aumentará drasticamente, uma vez que estas reservas diminuirão nas próximas décadas. Este facto constitui um forte incentivo financeiro para que estas indústrias mantenham o status quo. Durante décadas, as indústrias do petróleo e do carvão fizeram campanha para negar a ligação entre os seus produtos e as alterações climáticas, opondo-se simultaneamente a quaisquer políticas nacionais ou internacionais que reduzissem a dependência do carvão e do petróleo. A indústria petrolífera, em particular, tem uma forte presença de lobbies em todas as principais reuniões da UNFCCC, como as COP. Relatórios recentes mostraram que o American Petroleum Institute (API) da indústria petrolífera, bem como grupos da indústria do carvão e empresas petrolíferas individuais, utilizaram uma série de abordagens para minar a ciência que mostra a ligação entre as emissões de gases com efeito de estufa e as alterações climáticas e para semear a dúvida na opinião pública (Hansen, 2012) (Mulvey e Shulman et al., 2015). As tácticas incluem o financiamento secreto de ONG para promover os pontos de vista da indústria e atacar e difamar publicamente os cientistas que defendem acções para reduzir a dependência dos combustíveis fósseis.

6.7 Adaptação versus redução das emissões de carbono e outras causas das alterações climáticas

Mitigação significa tomar medidas para reduzir as emissões de gases com efeito de estufa e parar ou limitar actividades como a desflorestação que destroem os sumidouros de carbono.

Adaptação significa tomar medidas para minimizar os impactos das alterações climáticas inevitáveis, tais como a construção de infra-estruturas de resposta a catástrofes para fazer face à frequência crescente de catástrofes naturais, a antecipação dos impactos da alteração das temperaturas e dos padrões de precipitação na agricultura e a prevenção de inundações em habitats de baixa altitude. O IPPC elaborou um documento de enquadramento para abordar as questões dos impactos, da adaptação e da vulnerabilidade (Painel Intergovernamental sobre as Alterações Climáticas (IPCC), 2014). De um modo geral, os governos têm estado mais dispostos a financiar a "adaptação", mas têm dado menos ênfase a acções eficazes para reduzir as emissões de gases com efeito de estufa, uma vez que isso significa confrontar a poderosa indústria dos combustíveis fósseis. A África do Sul, sob os auspícios do Departamento de Assuntos Ambientais, iniciou um processo abrangente de planeamento de cenários, Cenários de Mitigação a Longo Prazo (LTMS), para identificar primeiro os possíveis ou prováveis impactos futuros das alterações climáticas e para identificar e desenvolver estratégias de adaptação em antecipação a esses impactos. Iniciou também um processo de planeamento de cenários de adaptação a longo prazo (LTAS).

6.8 Tópicos abrangentes

O papel da indústria dos combustíveis fósseis e das principais indústrias que utilizam diretamente combustíveis fósseis para gerar energia - as indústrias da eletricidade e automóvel - como principais contribuintes para as alterações climáticas é claro. No entanto, o impacto dos combustíveis fósseis vai para além das alterações climáticas. A extração de carvão provoca uma poluição maciça da água e do ar e a degradação dos solos; a queima de carvão para produzir eletricidade liberta grandes quantidades de poluentes atmosféricos, como o dióxido de enxofre, os óxidos de azoto e as partículas, com as consequências associadas para a saúde. A produção de eletricidade a partir do carvão consome recursos hídricos escassos e produz depósitos de cinzas que poluem ainda mais o solo. A extração convencional de petróleo provoca uma forte poluição do solo, especialmente em países que não conseguem regular eficazmente as actividades das grandes companhias petrolíferas, como a Nigéria e o Equador. A extração de petróleo ao largo da costa conduz à poluição marinha, e o processo de extração e produção de petróleo a partir de "areias betuminosas" não só é intensivo em carbono, como também conduz a uma grande destruição de habitats naturais e à degradação dos solos. A utilização mais recente da fracturação hidráulica ("fracking") para extrair gás natural consome recursos hídricos escassos e polui as águas subterrâneas. As refinarias de petróleo não só consomem muita energia, como também libertam quantidades consideráveis de poluentes atmosféricos. Os veículos movidos a combustíveis fósseis são as principais fontes de poluição atmosférica nas zonas urbanas. Para além da questão da energia limpa, as alterações climáticas afectarão praticamente todos os aspectos da vida social e económica, incluindo a saúde, os habitats, a produção alimentar, a água e o saneamento.

Referências

* ₂Olivier, J. G. J. et al. (2014) Trends in Global CO Emissions, 2014 Report. Estudos de base. PBL Netherlands Environmental Assessment Agency e Centro Comum de Investigação da Comissão Europeia, Instituto do Ambiente e da Sustentabilidade. PBL Publishers. Países Baixos.
* Painel Intergovernamental sobre as Alterações Climáticas (IPCC). (2013) Resumo para os decisores políticos. Em Climate Change 2013: The Physical Science Basis. Contribuição do Grupo de Trabalho I para o Quinto Relatório de Avaliação do Painel Intergovernamental sobre as Alterações Climáticas [Stocker, T.F., D. Qin, G.-K. Plattner, M. Tignor, S.K. Allen, J. Boschung, A. Nauels, Y. Xia, V. Bex e P.M. Midgley (eds.)]. Cambridge University Press, Cambridge, Reino Unido e Nova Iorque, NY, EUA.
* Costello, A. et al. (2009) Managing the health impacts of climate change. Lancet e University College. Comissão do Instituto de Saúde Global de Londres. 373(2009) 1693-1733.
* Painel Intergovernamental sobre as Alterações Climáticas (IPCC). (2014) Resumo para os decisores políticos. Em Climate Change 2014: Impacts, Adaptation and Vulnerability [Alterações Climáticas 2014: Impactos, Adaptação e Vulnerabilidade]. Contribuição do Grupo de Trabalho II para o Quinto Relatório de Avaliação do Painel Intergovernamental sobre Alterações Climáticas [Field, C.B., V.R. Barros, D.J. Dokken, K.J. Mach, M.D. Mastrandrea, T.E. Bilir, M. Chatterjee, K.L. Ebi, Y.O. Estrada, R.C. Genova, B. Girma, E.S. Kissel, A.N. Levy, S. MacCracken, P.R. Mastrandrea, and L.L. White (eds.)]. Cambridge University Press, Cambridge, Reino Unido e Nova Iorque, NY, EUA.
* Mulvey, K. e Shulman, S. et al. (2015) The Climate Deception Dossiers. Internal Fossil Fuels Industry Memos Reveal Decades of Corporate Disinformation [Memorandos internos da indústria dos combustíveis fósseis revelam décadas de desinformação empresarial]. Union of Concerned Scientists, EUA.
* Hansen, J. (2012) Cowards in our Democracies: Part 1 and 2. Columbia University. Nova Iorque.
* Midgley, G., Chapman, R., Mukheibir, P., Tadross, M., Hewitson, B., Wand, S., Schulze, R., Lumsden, T., Horan, M., Warburton, M., Kgope,

B., Mantlana, B., Knowles, A., Abayomi, A., Ziervogel, G., Cullis, R., e Theron, A. (2007) Impacts, Vulnerability and Adaptation in Key South African Sectors: A contribution to the process of long-term mitigation scenarios. Centro de Investigação Energética (ERI), Universidade da Cidade do Cabo (UCT). Preparado para o Departamento de Assuntos Ambientais e Turismo (DEAT).

- Departamento de Assuntos Ambientais (DEA). (2013) GHG Inventory for South Africa 2000-2010, compilado para o Departamento de Assuntos Ambientais (DEA). DEA, República da África do Sul.
- Departamento de Assuntos Ambientais (DEA). (2012) Livro Branco Nacional de Resposta às Alterações Climáticas. Departamento de Assuntos Ambientais (DEA), República da África do Sul.
- Programa das Nações Unidas para o Desenvolvimento (PNUD). Relatório de Desenvolvimento Humano de 2014 Sustentar o Progresso Humano: Reduzir as Vulnerabilidades e Criar Resiliência. PNUD.
- Agência de Proteção Ambiental dos Estados Unidos (EPA). 2010. Alterações climáticas e ecossistemas. EPA.

Índice

More
Books!

info@omniscriptum.com
www.omniscriptum.com
OMNIScriptum

Printed by Books on Demand GmbH, Norderstedt / Germany